粮食安全与国际贸易：

争议观点解析

《2015—2016年农产品市场状况》背景文件

联合国粮食及农业组织　编著

梁晶晶　余扬　安全　译

中国农业出版社

联合国粮食及农业组织

2018·北京

本出版物原版为英文，即 *Food security and international trade：Unpacking disputed narratives*（The State of Agricultural Commodity Markets 2015‐16：Background paper），由联合国粮食及农业组织（粮农组织）于 2015 年出版。此中文翻译由农业农村部国际交流服务中心安排并对翻译的准确性及质量负全部责任。如有出入，应以英文原版为准。

本信息产品中使用的名称和介绍的材料，并不意味着粮农组织对任何国家、领地、城市、地区或其当局的法律、发展状态或对其国界或边界的划分表示任何意见。提及具体的公司或厂商产品，无论是否含有专利，并不意味着这些公司或产品得到粮农组织的认可或推荐，优于未提及的其他类似公司或产品。

ISBN 978-7-109-23676-9（中国农业出版社）

联合国粮食及农业组织（FAO）
中文出版计划丛书
译审委员会

致　谢

　　本文是 FAO 主题报告——《2015—2016 年农产品市场状况》的背景文件。由加拿大滑铁卢大学环境与资源研究系教授，全球粮食安全和可持续发展课题加拿大首席研究员 Jennifer Clapp 完成撰写。《2015—2016 年农产品市场状况》的起草以 FAO 确定的任务大纲为指导。2015 年上半年，FAO 举办了一系列会议，旨在为报告的起草提供意见，本文受益于参会人的发言。

　　在此，笔者要特别感谢 Eleonora Canigiani、Jamie Morrison、Ekaterina Krivonos、Susan Bragdon、Ryan Isakson 和 Matt Gaudreau 对初稿提供的宝贵建议。感谢 Rachel AcQuail 对本文编辑工作提供的支持。

概　要

　　贸易对粮食安全来说究竟是机遇还是威胁？这个长久以来备受争议的问题始终未能得到解答。考虑到农业部门在社会中承载了众多重要功能，这一点也不难理解。农业为人们提供赖以生存的食物，是世界上近 30％的劳动力维持生计的来源。同时，农产品出口是一些国家重要的收入来源，而农产品进口是部分国家确保粮食安全的重要途径。此外，农业与生态有着密切的联系，对文化也有着十分重要的影响。基于上述各种原因，人们一直十分关心国际贸易可能以何种方式改善或阻碍社会的能力，从而平衡农业和粮食安全的不同社会和经济目标。

　　本文旨在通过阐述主要的对立观点和其背后的支撑依据来揭示和阐明这一争论。本文并非支持其中一方观点而反对另一方，而是希望通过阐述争论的整体情况，从中找出这一问题之所以出现两极化的原因，并探讨在国际政策制定中走出目前僵局的对策。

　　本文的第一部分简要介绍了对粮食安全和贸易之间关系的不同理解的历史背景。背景展示了随着时间的推移，无论是粮食安全和农产品贸易的各自概念，还是两者之间相互关系的准则，都发生了变化。

　　第二和第三部分阐述了两种不同观点的概念基础：一方认为，贸易对粮食安全是机遇，可以保障粮食安全；另一方则认为贸易将给粮食安全带来挑战。这两部分分别考察了支持两种观点的论据，探讨了每种观点的潜在局限性和分歧之处。两种观点源自不同学派，并以其学派的科学理念作为理论基础。贸易机会论主要源于新古典经济学理论，根据该理论的原理，贸易可以使双方获益，在多样化的世界中贸易具有现实性，贸易保护具有可以预知的成本。贸易威胁论源于一些社会学学科和农业生态学，这些学科主张国家和社会的粮食政策主权，农业在社会中具有多重功能性，贸易自由化存在可预知的成本等。两种理论均提出了合理有效的论据，但是各自也存在缺陷和分歧之处。

　　文章的最后一部分讨论了在不同政策背景下，这一争论如此两极化的可能原因，并提出了搭建政策对话的可行方法。这些方法包括：提出更多开放式的问题、形成共同语言和构建新的指标，以及通过合作的方式促进全球治理机构在这一领域的融合等。本文所得出的结论是，采用多学科和方法论进行评价，有利于评估粮食安全和国际贸易的相互关系，也只有通过这种方法才可能找出争论中双方的共同立场。

目　　　录

> "对于经济辩论，历史给出的答案总是让经济学家厌恶，两方都厌恶。"Charles Kindleberger，1975

1. 引言

　　贸易在实现粮食安全的目标过程中应发挥什么作用？这个问题已经被争论了几个世纪了。从 19 世纪备受争议的不列颠玉米法案，到目前世贸组织谈判中围绕农业的政治争论，粮食和农产品国际贸易的关系是个尤为敏感的话题。考虑到农业部门在社会中发挥的一系列重要功能，这一争论的持续升温便不难理解。农业为人们提供赖以生存的食物，是 30％世界劳动人口的生计来源，尤其是在发展中国家，这一比例更高（世界银行，2014a）。同时，粮食出口是部分国家的重要收入来源，而粮食进口对部分国家的粮食安全至关重要。此外，农业与生态有着深刻联系，对文化也有十分重要的影响。基于上述各种原因，人们一直十分关心国际贸易可能以何种方式改善或阻碍社会的能力，从而平衡不同社会和经济目标，这关系到农业和粮食安全。

　　粮食安全和国际贸易的关系十分复杂，各国的政策方向并非总是十分明确或是统一的，需要考虑诸多因素。例如，贸易壁垒限制了粮食短缺地区的粮食供应，导致粮食价格过高和粮食供应量的减少。有些国家过高的农业补贴政策将对世界粮食价格造成下行压力，导致其他农业出口国的收入降低。由于补贴政策而导致的粮食价格降低将使粮食进口国的城市消费者受益，而农民的收入则会较少。但是，过度依靠粮食进口将使该国难以应对外部的突发事件，例如，价格飙升会在短时间内使得一国的进口额快速上涨。过度依赖农业出口，将其作为对外贸易的主要来源也有其风险，例如，长期价格下滑，或与之相反的剧烈价格变动，均会影响生产国的粮食安全。各国政府如何通过贸易政策应对这些问题取决于各自的国情。

　　近年来，粮食安全问题在当今的贸易政策背景下尤为突出，特别是自2007—2008 年粮食价格飞涨之后，许多国家运用贸易手段远离世界高位的粮食价格。以粮食安全为目的的贸易手段的运用，是 2013 年 12 月巴厘岛世界贸易组织部长会及 2014 年全年的焦点。印度和其他发展中国家强烈要求，在《农业协定》中明确规定，确保发展中国家有实行国内粮食安全政策的权利，从而不必再担心违反国际贸易规则，例如，旨在解决饥饿和粮食短缺采取的公共储备计划。最近关于粮食安全和贸易问题爆发的争议仅仅是世界贸易组织（WTO）谈判中针对这一问题出现的又一次新的僵持。事实上，多哈回合谈判自 2001 年启动后一直持续进行，多次遭到搁置，大家看到的是各国农业规则的差异及其对粮食安全的含义的不同解读（Diaz-Bonilla，2014）。

除了 WTO 谈判以外，在过去十年中，有关贸易在粮食安全政策中的适当作用的分歧也成为制定许多其他政策参考的重要依据。2008 年，世界银行公布的两份关于农业和发展的主要报告——《2008 年世界发展报告》和《国际农业知识与科技促进发展评估》（IAASTD）（世界银行，2007；IAASTD，2009），以不同的方式将贸易定性为关键因素。2007—2008 年的粮食危机中，贸易也是存在分歧的问题。由于众多国家对粮食采取了出口限制，导致粮食价格飙升（Sharma，2011；Headey，2011）。粮食危机之后，出于对农产品市场波动的担忧，G20 通过建立农业市场信息系统等举措来应对粮食安全问题（Clapp and Murphy，2013）。最近，《关于饥饿和粮食安全的可持续发展目标（SDGs）草案》（可持续发展目标开放工作组，2014）中提到了贸易政策对价格和粮食供给的影响。

在不同的政策背景下，不同国家对粮食安全和国际贸易之间关系的理解也有所不同。那些倡导农业贸易自由化的组织，包括世界银行、世界贸易组织、经济合作与发展组织（经合组织）和一些工业化国家，认为贸易是巩固粮食安全的机会。而贸易自由化的反对者，包括一些发展中国家集团、粮食主权社会运动和一些民间组织，往往将贸易视为对粮食安全的威胁。贸易自由化的支持者和反对者的观点均是基于对粮食安全、农产品贸易及其彼此关系的具体想法和理解，他们通过不同的论述来解释他们的推理。然而，这些观点在许多方面彼此对立，其结果是导致有关贸易在粮食安全中能够发挥合理作用的政策推进陷入僵局。

本文旨在通过分析主要的对立观点和其理由，进一步阐明这场争论。本文并非支持其中一方观点而反对另一方观点，而是希望通过阐述整个争论的情况，从中找出这一问题之所以如此两极化的原因，以及在国际政策制定中如何走出目前的僵局。文章的第一部分将简要描述粮食安全和贸易之间关系不同观点的历史背景，从而展现随着时间的推移，粮食安全和农产品贸易的概念以及二者之间关系是如何演变的。第二、三部分说明了两种不同观点的基本概念，以及各自潜在的局限性和不同之处。接下来，本文阐述了在政策背景下争论如此两极化的可能原因，并针对推进更高效率的政策对话提出了建议。

通过对这一争论的分析，可以看出，贸易和粮食安全之间的关系远远超出了经济因素的范畴，政治、社会和生态等方面的因素也需考虑在内。因此，通过跨学科的分析和严谨的方法才能准确评估粮食安全和国际贸易的相互作用，只有通过这种方式才最有可能找出两种观点的共同之处。

2. 演变的认识：历史背景下的粮食安全和贸易

当今，关于粮食安全和国际贸易的观点源于对粮食安全以及贸易在粮食和农业中所发挥适当作用的特定的规范性理解。国际政策和经济背景下的规则，被认为是根据主导者的身份和偏好制定、反映在政策和机构中的行为标准（Finnemore and Sikkink，1998）。有关粮食安全和贸易的规则，随着时间的推移也在改变，这主要是因为相关想法因经验、新的信息、利益以及体制框架而发生了变化。粮食安全的概念，从最初主要集中在国家层面的粮食供给，扩展到包含世界和个体等多个层面，其维度超越了简单的粮食供给。粮食贸易规则也在发生变化，有时粮食排除在自由贸易政策之外，有时又是农业贸易自由化的推动力。通过梳理这些认识的演变，有助于了解至今仍备受争议的多个相关观点的历史背景。

2.1 粮食安全：从国家层面到国际层面，再到个体的概念

由于各国长期以来一直在探索确保国民粮食供应的方式，因此，早期粮食安全的概念与民族国家和广义上的国家安全概念紧密相连。这些关于粮食安全的早期观点主要侧重于确保国内生产和供应充足的粮食，以应对可能面临的入侵、战争和紧急情况，从而保障国内社会和政治稳定。因此，支持农业和粮食供应历来是国家建设的关键组成部分（Friedmann and McMichael，1989）。许多国家（并非所有）面临大规模军事入侵的威胁逐渐降低，在这一背景下，越来越多的国家将国际市场作为其获取粮食的来源。粮食安全的概念也随之扩展，不再仅仅局限于民族国家层面的粮食供应。但与此同时，国内粮食生产对国家安全至关重要的理念，始终未发生改变。

国际或者全球性粮食安全与国内粮食安全问题显著不同，这一观点仅出现于20世纪。第一次世界大战后，国际联盟发现需要通过多边机制来解决粮食生产、供应和贸易等问题，其中包括对发展中国家的援助（Shaw，2007；Simon，2012）。1941年，富兰克林·罗斯福在其颇具影响力的"四大自由"演讲中强调了"免于匮乏的自由"在国际政策中的重要性。这一号召在粮食问题上得到全球范围的响应，并促进了1945年联合国粮食及农业组织（FAO）的成立。FAO在其章程序言中明确表示，其主要目标之一是"保证人类获得远

离饥饿的自由"。这一目标将通过促进更高和更有效的粮食总产量和分配、提高营养水平、改善农村人口的生活条件得以实现（FAO，2013）。

早期的粮食安全规则反映了国际上对消除饥饿的关注，主要集中在粮食生产和供应方面。20世纪50年代许多发达国家开展的粮食援助项目以及1961年成立联合国粮食计划署的一个重要原因（虽然只是其中之一），就是出于对粮食供应的重视。由于这些发达国家采取了农业支持政策，并运用了现代农业技术种植粮食，使得粮食产量快速提高，国内粮食盈余。这些粮食援助项目促进了这些发达国家的过剩粮食外流（Friedmann，1982）。在冷战时期，粮食援助是国际援助的主要方式，因为很多人认为发展中国家的饥饿问题是造成对地缘政治具有重要影响地区政治动荡的原因，由此也是影响国际社会稳定的潜在原因。随着时间的推移，发达国家过剩粮食的输出导致了部分国家对国外进口粮食的依赖性提高，并最终被美国，也就是全球最大的粮食援助提供国，视作一个政治问题。例如，20世纪60年代中期，美国倡议印度和其他发展中国家采取"绿色革命"的耕作方式来提高这些国家的农业生产力，从而实现更大程度的自给自足，减少其对进口粮食的依赖（Ahlberg，2007）。发展中国家更高的自给水平是保证发展中国家、乃至全球政治稳定的重要因素（Cullather，2010）。

"粮食安全"一词在20世纪70年代中期的全球粮食危机爆发时被引入，那时粮食价格飞涨，世界饥饿的规模得到高度关注（Shaw，2007）。与冷战时期注重饥饿与发展中国家政治稳定的关系一样，那时粮食安全主要被定义为全球粮食供应水平（Maxwell，1996）。在粮食市场最混乱的1974年，联合国召开世界粮食会议，会上首次明确了粮食安全的定义，即"粮食安全是指世界各地随时都有充足的基本粮食供应，以维持稳定的粮食消费并抵消粮食生产和价格波动带来的影响"（FAO，2003）。

20世纪80～90年代，人们对粮食安全的理解发生了改变，并不再仅仅局限于世界或国家的粮食供给水平。这些变化发生在冷战局势缓和、全球市场加速融合的背景下。Amartya Sen关于饥饿问题成因的研究，极具开创性，为了解饥饿的复杂本质提供了新思路（Sen，1981）。Sen的成果表明，饥饿与个人获取食物密切相关，而不是仅与社会的粮食供应相关。反过来，人们的粮食获取量由其获得生产、购买和交易粮食所需资源的能力所决定。换言之，即便社会粮食供应充足，也不能保障每个人都不被饥饿所困扰。贫困和一个人的社会地位很大程度上决定其是否能获得充足的粮食。世界银行1986年的报告《饥饿和贫困》中，提出了上述观点。报告将粮食安全定义为"所有人随时都能取得足够的粮食，积极健康地生活"（世界银行，1986）。该报告强调，自给自足并非是粮食安全的必要条件。这表明对粮食安全的认识已经发生了转变，不再局限于粮食供应。虽然报告也承认，出于其他原因，粮食自给自足仍可能是个具有吸引力的目标（世界银行，1986）。

在接下来的几十年中，对国际粮食安全的定义和理解被进一步完善（插文1）。1996年的世界粮食峰会，进一步扩展了粮食安全的定义，将营养和文化范畴扩充进来，并在2001年加入了"社会"一词。这一概念成为目前应用最广、最权威的定义，即"只有当所有人在任何时候都能通过物质、社会和经济手段获得充足、安全和富有营养的粮食，满足其保持积极和健康生活所需的膳食和食物偏好时，才实现了粮食安全"（FAO，2001）。这一定义体现了粮食安全的三个支柱——粮食供给能力、粮食获取能力和粮食利用能力，这三点不断在学术文献中被引用（Webb et al.，2006；Barrett，2010）。2006年，FAO增加了第四个支柱——粮食获取能力的稳定性，从而表达了其他三个支柱必须随时存在的观点（FAO，2006）。

自20世纪90年代中期开始，研究饥饿问题的学者也开始关注粮食主权和获取粮食的权利，对全球粮食安全规则和有关概念的形成产生了很大影响。粮食主权这一概念出现在20世纪90年代中期，其产生与一系列社会运动密不可分。这些社会运动挑战了由跨国公司和发达国家利益所控制的粮食体系，主张国家和地区形成自己的粮食体系。对这些社会运动组织来说，粮食主权是真正实现粮食安全的必要条件（Patel，2009；Jarosz，2011）。2007年，在塞内加尔的一次会议上，进一步明确了这一观点，即强调"粮食主权是人们通过生态无害和可持续的方法获取健康和符合文化的粮食的权利"（粮食主权论坛，2007）。

食物权强调在人权框架下实现粮食安全。食物权的法律来源于1948年《全球人权宣言》及其后的相关宣言和协议。1996年，粮农组织世界粮食峰会不仅提出了目前最为广泛应用的粮食安全定义，还认可了《世界粮食安全罗马宣言》的内容，重新确认了粮食权利。2000年，联合国授权进行了粮食权利特别调查，2004年FAO采纳了粮食权利指南（FAO，2004）。粮食权利特别调查活动的开展提高了这一法律概念的影响力，尤其是在此后的2007—2008年粮食价格飙升时期（De Schutter，2008；De Schutter and Cordes，2011）。

在20世纪的大部分时期，人们对于营养失调的理解主要是营养摄入不足，具体指的是卡路里摄取量不足。近几十年来，人们越来越多地开始重视"营养不良三重负担"的概念，即营养不良不仅仅包括长期的营养摄入不足，还包括微量元素摄取不足（也被称为"隐藏的饥饿"），以及表现为肥胖和超重的营养过剩。这三种形式的营养失衡都非常重要，均会给全社会带来威胁。对营养失衡的复杂性更深入的认识反过来为粮食安全的概念提供了信息，使其逐渐扩充内涵，将卡路里摄入过量和摄入不足，以及微量元素摄取不足对公共卫生影响纳入粮食安全的范畴（Gómez et al.，2013；Hawkes et al.，2012；Friel et al.，2015）。

以上内容表明，对粮食安全的认识在过去的一百年里发生了很大变化。对粮食安全的分析扩展到了全球和个体层面，同时也涉及了饥饿和营养失调等多维度内容。但是这些新的观点并不能完全替代那些旧的传统理念，即粮食安全的根本是生产和自给自足。正如下文所说，这些不同的观点对当今的粮食政策产生了持续和重要的影响，并反过来又与粮食安全和贸易联系的背景相关。

插文 1　过去一百年中粮食安全规则的变化

19 世纪至 20 世纪早期：将粮食自给自足作为国家安全的一部分。

20 世纪中期：更加注重全球饥饿问题。

（1）国际联盟营养工作（20 世纪 30 年代）。

（2）"免于匮乏的自由"（富兰克林·罗斯福，1941）。

（3）成立 FAO（1945）。

（4）全球人权宣言中纳入食物权（1948）。

（5）设立粮食援助项目（20 世纪 50~60 年代）。

20 世纪 70 年代：首次引入"粮食安全"的概念，并具有全球视角。

世界粮食大会（1974）对粮食安全的定义："粮食安全是指世界各地随时都有充足的基本粮食供给，以维持稳定的粮食消费并抵消粮食生产和价格波动带来的影响。"

20 世纪 80 年代：粮食安全的重点由生产转变为包括粮食的获取和个体情况。

（1）粮农组织对粮食安全的定义（1983）："确保所有人在任何时候既能买得起又能买得到他们所需的基本粮食。"

（2）世界银行对粮食安全的定义（1986）："所有人随时都能取得足够的粮食，积极健康地生活。"

20 世纪 90 年代：越来越重视营养和粮食安全的文化维度，出现了粮食主权的概念。

（1）世界粮食峰会（1996）对粮食安全的定义："只有当所有人在任何时候都能在物质上和经济上获得足够、安全、富有营养的粮食来满足其积极健康的膳食需要和食物喜好时，才实现了粮食安全。"

（2）出现了粮食主权的概念（1996），将其定义为主权国家和人民有自行决定其自身粮食体系的权利。

21 世纪：巩固了粮食安全的四大支柱，越来越注重粮食权、粮食主权和营养的新维度。

（1）2001 年，FAO 将"社会"一词加入了粮食安全的定义："所有人在任何时候都能通过物质、社会和经济手段获得充足、安全和富有营养的粮食，满足其保持积极和健康生活所需的膳食和食物喜好。"

（2）FAO 通过了《粮食权利指南（2004）》。

（3）FAO（2006）对 2001 年的定义进行了补充和澄清，提出了粮食安全四大支柱：粮食供给能力、粮食获取能力、粮食利用能力和粮食获取能力的稳定性。

（4）《粮食主权宣言（2007）》强调了这一概念。

（5）对营养失调的"三重负担"的关注越来越多。

来源：FAO，2004；FAO，2006；Clay，2002；McDonald，2010；Carolan，2013；Shaw，2007；Simon，2012

2.2 贸易规则：粮食例外论和贸易自由化

如图 1 所示，与粮食安全一样，对贸易在粮食和农业中作用的理解和规则随着时间的推移也发生了变化。粮食国际贸易以及有关其优缺点的讨论并非新鲜事物。例如，1815 年英国实行的《玉米法案》旨在通过对进口粮食征收高关税来保护国内农民利益。采取这一系列措施的目的是从国家安全的角度鼓励实现粮食自给自足（Schoenhardt‐Bailey，2006）。但是，在 19 世纪中期，在反对工业利益和对英国贫困阶层获取粮食问题日益关注的背景下，国家应该追求粮食自给自足这种观点面临了较大的压力（O'Rourke and Williamson，1999；Irwin，1989）。1846 年，英国《玉米法案》被废除，由于世界上很多国家效仿英国降低农产品贸易壁垒，因此，这一时期被认为开辟了"自由贸易"的新时代。然而，这一农业和粮食"自由贸易的黄金时代"仅仅维持了数十年，很多国家从 19 世纪 80 年代至 20 世纪后期又重归农业保护的道路上（McCalla，1969）。

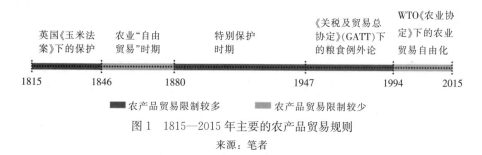

图 1　1815—2015 年主要的农产品贸易规则

来源：笔者

过去 70 年，有关贸易对粮食和农业作用的争论主要发生在国际贸易体制的背景下，最初开始于《关税及贸易总协定》（GATT）框架下，最近主要发生在 WTO 框架下。在这一体制构建初始，粮食和农业就被视为例外。1947年，旨在通过消除贸易壁垒实现"自由贸易"的《关税及贸易总协定》签署时，粮食并未包含在贸易自由化的广义范畴内（McCalla，1993）。这是由于很多国家认为，农业市场很可能无法提供公共产品（包括粮食安全以及其在国家安全发挥的作用，上文已论述过），因为农业市场容易出现价格不稳定和集中的情况。在这样的背景下，部分国家认为应对市场失灵是他们的合法职责（Moon，2010）。一些分析师认为，这一领域的贸易保护是由于市场干预的获利群体进行政治游说的结果。

美国强烈支持贸易体制的"粮食例外论"，因为出于其自身政治原因，美国希望保留其复杂的农业支持和贸易限制体系。由于美国这一最大经济体支持农业和粮食例外论，因此其他国家也纷纷效仿，继续保留其农业支持和贸易限制体系（Aksoy，2005）。例如，自 1958 年欧共体通过了共同农业政策后，农业例外成为欧盟的主导规则，其目的是通过补贴和其他项目支持农业发展（Skogstad，1998）。

虽然由于农业对国家政策具有敏感性，粮食在 GATT 体制下例外处理，但将粮食排除在贸易规则之外，对那些提供补贴等支持的国家来说代价越来越大。这些政策也对其他国家产生了负面影响。由于补贴或其他形式的贸易保护而导致的产量过剩，引起了大范围的农产品倾销，其中包括通过粮食援助的方式进行的农产品倾销。粮食援助成为过剩产量的处理方式，并导致了国际粮食市场的扭曲（Friedmann，1982）。这些行为给很多发展中国家带来麻烦，因为发达国家补贴粮食出口和援助通常会压低这些国家自产粮食的市场价格（Clapp，2012）。此外，其他农产品出口国也面临一定问题。由于难以提供同等水平的补贴，当价格便宜且得到补贴的粮食进入国际市场时，这些农产品出口国的粮食将不具备竞争力。

自 20 世纪 80 年代起，随着新自由主义经济政策的兴起，国际贸易体制开始推动农业贸易自由化。在初始的几十年里，曾有人尝试将农业纳入到 GATT 规则当中，但是都没有成功（McCalla，1993）。乌拉圭谈判于 1986 年启动，1994 年结束，达成的农业协定中涉及了开启农业贸易自由化进程的相关规则。虽然这一协定在某些方面维护了农业贸易自由化，包括降低农产品关税等，但是仍未能在贸易体制上用贸易自由化替代粮食例外论。该协定允许发达国家继续实施大量的补贴项目（通过农业例外论得到合法性，但是描述为不会扭曲贸易）。与此同时，即便无法实施与发达国家相同类型的补贴项目，许多发展中国家仍有义务开放其进口市场（Pritchard，2009；Bukovansky，2010；Khor，2010）。

近年来，WTO 框架下农业贸易自由化的进程不平衡导致了很多摩擦，在这些争论中，贸易自由论和贸易例外论均是焦点。多哈回合贸易谈判于 2001 年启动，其初始目的是通过调整协议原有的不平等内容，以纠正乌拉圭回合农业协定中的不平衡。一个明确的目标是通过引入对发展中国家特殊和差别待遇，以及强调包括粮食安全在内的"非贸易关注"的重要性，在农产品贸易规则的争论中找到平衡点（Sakuyama，2005；Clapp，2015）。多哈论坛断断续续地推进，频繁被发达国家和发展中国家因上述问题产生的冲突所中断，未来能否成功调和各种贸易规则的矛盾尚不明确。

在 WTO 框架之外，关于贸易在粮食安全政策中所发挥适当作用的争论也在进行。如上文所述，20 世纪 90 年代发生的粮食主权运动直接反映了因乌拉圭谈判而造成农业贸易自由化的不良影响（Lee，2013）。近年来，这一社会运动越来越盛行，La Via Campesina 等农民非政府组织和学术界意图通过强调支持本地粮食体系、减少对国际粮食贸易依赖的政策，重新使粮食例外论在国家和社会层面合法化（Desmarais，2007；Wittman et al.，2010）。

由于有关粮食安全的定义和维度的观点差异较大，以及有关粮食是否应在国际贸易规则中被列为例外的准则随着时间的推移发生了改变，近年来，有关贸易对粮食安全影响的争论如此激烈和复杂也就不难理解了。接下来，本文将深入探讨这些争论中支持不同立场的主要论点。

3. 贸易是粮食安全的机遇

2007 年爆发的全球粮食危机，引发了大量贸易相关政策措施的实施，例如，出口限制、价格调控以及很多国家用以保障国内粮食安全而采取的公共粮食储备计划。部分亚洲、非洲和海湾地区国家也纷纷宣布，将提高他们的粮食自给率，从而降低对国际粮食市场的依赖。贸易机会论者强烈反对这类政策，认为这将破坏而不是保障粮食安全。相反，他们表示，实施更多开放贸易政策，支持贸易的发展，将有助于维护粮食安全。

那些认为贸易有利于粮食安全的学者通常采用经济学理论，并宣扬"粮食自给"的理念——也就是将贸易作为保障粮食安全的手段（FAO，2003）。粮食自给的概念常常被拿来与粮食的自给自足相比较，而贸易机会论者将后者理解为国家完全封闭边境，禁止粮食贸易。贸易机会论者大体上更倾向于采用近年来对粮食安全的定义和相关观点，并且贬低原有的侧重于国内粮食生产和自给自足的粮食安全概念，他们认为这种概念已经过时了。他们也批评了贸易规则中的粮食例外论，认为其效率极低，还会危害粮食安全。持此种观点的人并不一定要求粮食和农业实现完全"自由贸易"。他们倡议通过贸易自由化来减少这一领域内的市场扭曲，从而提高效率，使实施贸易自由化的国家获得净收益，这反过来将对粮食安全产生积极影响。

这种观点具有三个共同点：①借鉴经典的、比较优势的贸易理论，证明提升贸易的效率可以增加全球和各国粮食供应并能提高收入，从而保证了粮食的供应和获取；②认为贸易是"传送带"，将有助于消除不同国家的粮食匮乏和粮食过剩问题；③认为贸易限制将对粮食安全产生负面影响。下文将对这些论述进行详细阐述。

3.1 比较优势

目前，很多经济学家都支持在粮食和农业等各个领域实施自由贸易而非贸易保护。比较优势的概念借鉴了大卫·李嘉图 1917 年提出的经典贸易理论，并作为贸易自由论的理论依据。根据这一理论，即使一个国家的某一商品没有绝对优势，也能从贸易中获利。这主要是因为任何国家在生产某些商品时一定比生产其他商品具有相对优势，而这些国内层面的比较优势是从贸易中获利的最重要的因素（Schumacher，2013；Prasch，1996）。

该理论假定，由于投入的土地、劳动力、气候、资本和技术等因素的差异，每个国家生产不同产品的机会成本有所差别，因此，每个国家至少在生产某些商品时具有比较优势。根据这一理论，如果每个国家都集中生产并出口其具有比较优势的产品，进口其具有比较劣势的产品，全球福利将会增加。这样一来，专业化将会提升生产效率，提高全球商品总产量。这部分预测的收益可用数据测算，而且认可这一理论观点的人认为，那些国家之所以从事贸易，是因为这样比不进行贸易获取的收益多。该理论自首次提出后，已经被后人更新和完善，并始终是贸易自由化观点的主要依据。

主张贸易自由化可以维护粮食安全的学者，常常引用比较优势理论[①] (Lamy，2013；FAO，2003；世界银行，2007；世界银行，2012；Zorya et al.，2015)。该观点认为，专业化生产和贸易将提高效率，从而提升粮食的供应和获取。实现这一论点的一般步骤如下（图2）：

（1）消除贸易壁垒，鼓励基于比较优势的市场竞争和专业化生产（由自然禀赋决定，包括土地、人力、技术和气候条件等）。

（2）通过在机会成本最低的国家种植作物来提升粮食生产效率。

（3）提高农业生产效率，提高全球范围内的粮食供应量（从效率提高中获益），同时促进国内经济增长并创造更多的就业机会（受益于比较优势领域的效率提升），促进科技进步，从而进一步提高产量。

（4）粮食供给的增加以及粮食贸易自由化将提升所有国家的粮食可获取量，并降低粮食价格；受供求关系的影响，将使得可获取的粮食种类更加多元化，从而促进粮食安全。

（5）高效经济活动带来的经济增长，将提高国民收入、创造更多就业机会，也提高了粮食的可获得性，从而促进了粮食安全。

为阐述这一论点，前 WTO 负责人 Pascal Lamy（帕斯卡尔·拉米），在最近一次的粮食危机爆发后说道："很明显，国际贸易并不是粮食危机爆发的原因。如果说二者有关联，也是国际贸易通过这些年的激烈竞争降低了粮食价格，提高了消费者的购买力。但无可争辩的是，国际贸易也提升了农业生产效率"（Lamy，2011）。

---

① 尽管两国相对优势模型并非是分析贸易自由化对发展中国家影响的最适当方式，但是这些更基本的观点重述吸引了人们的关注，政策文件中也常提到这点。

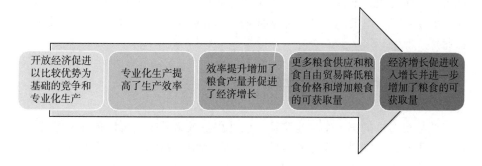

图 2　贸易机会论者对比较优势、贸易和粮食安全所持观点

来源：FAO，2003；Lamy，2013

3.2　贸易是"传送带"

贸易自由化促进粮食安全的第二个常见论点是贸易扮演了传送带的角色，将粮食从过剩地区运送到短缺地区。这一观点以比较优势为基础，但强调贸易在全球粮食均匀分配过程中所发挥的平衡作用（Lamy，2012；经济合作与发展组织，2013）。在此基础上，主要有三个经常被引用的论据，来证明粮食贸易的合理化。

第一，受限于土地、气候、土壤条件和其他原因，部分国家的自然条件无法生产足够的粮食（包括卡路里总量和饮食的多样性）。相反地，部分国家有良好的自然条件，所生产的粮食从数量和质量上都超过本国需求。贸易机会论者强调，开放的贸易政策使粮食可以自由地从粮食结构性过剩的国家流动到结构性短缺的国家（世界银行，2012）。

第二，贸易机会论强调，由于每年气候或其他条件的差异，粮食从过剩地区流动到短缺地区也是必要的。相比一国或某一区域内的农业产量，世界农业产量更为稳定，在因粮食产量波动所引起的粮食再分配过程中，贸易发挥了重要作用。粮食从过剩地区流动到短缺地区也有利于维护粮食价格稳定，是贸易为维护粮食安全发挥的另外一个作用。

第三，在很多情况下，受环境和资源的限制，完全的自给自足是不现实的，因此粮食贸易的收益具有可持续性。很多研究表明，气候变化可能给许多国家的农业生产带来负面影响，甚至有些可能像非洲撒哈拉地区所遭遇的一样严重（Porter et al.，2014）。因此，贸易机会论者认为，贸易是通过在土地治理或灌溉需求较少的地区进行专业化种植，从而促进全球可持续农业生产的重要途径。换言之，不仅仅是从经济角度，而且从自然资源的条件方面考虑，粮食种植在生产效率最高的地区是必要的（Lamy，2013；经济合作与发展组织，2013）。

3.3 农业保护给粮食安全带来了危害

贸易机会论的第三个论点强调，农业保护政策带来的可以预知的经济成本将反过来对粮食安全产生不利影响。例如，世界银行不断指出农业部门的贸易自由化将带来潜在收益，尤其是对发展中国家来说（世界银行，2007；世界银行，2012；Anderson and Martin，2005）。同样，数量限制和关税等农业保护措施通常被世界银行和世贸组织等机构批评为极其低效的政策，将导致粮食价格升高（世界银行，2012；Anderson，2013）。例如，关税将导致粮食短缺国家的粮食进口价格上升，使贫困者没有能力购买进口粮食。

根据这一理论，农业保护也会在其他方面危害粮食安全。税收、对粮食出口的其他限制、国家市场委员会调控固定粮食价格以及其他形式的市场干预将减少发展中国家农民的积极性和市场机会。贸易机会论者强调，农民的收入会因这些干预政策而受到影响，进而影响他们获取充足粮食的能力（世界银行，2007；Lamy，2013）。

实施禁止出口和其他限制出口政策也将导致粮食价格飞涨，对低收入人群的粮食安全产生直接影响，这些人通常将 $50\%\sim80\%$ 的收入用于购买粮食。出口限制有利于维持作物出口国的国内低价格，却会拉高该作物进口国的进口价格（经济合作与发展组织，2013）。对某些农产品，尤其是水稻这种市场"不活跃"（由少数供应商所控制）的作物来说，这种风险尤其高。贸易机会论者称，贸易自由化有利于通过增加供应商之间的竞争，改善"市场不活跃"的状况，从而减少价格波动，最终有利于维护粮食安全（Headey，2011）。

3.4 贸易机遇论可能的局限性和矛盾

农业贸易自由化对粮食安全是机遇的观点得到了经济学家广泛的支持，因为这符合经济学逻辑，并且便于测度和做模型分析。然而，支持这些观点的经济学论点以世界经济的本质为假设基础，如果这些假设不成立，那么贸易理论的预期价值将会受到质疑。例如，比较优势理论的假设包括国家之间资本和劳动力是不能流动的，商品市场是完全自由竞争的，一国内各项目间资本和劳动力是可以完全流动的，外部性缺失以及参与各方均可以从贸易中获益等（Mc-

Calla，1969；Schumacher，2013）。

虽然后人已经对贸易理论进行了更新和完善，将当前复杂的全球经济状况考虑进去，如将汇率作为调整机制等，但是其中很多假设仍不符合当前全球经济形势，这对粮食安全有重大的影响。由于每个国家都有其特殊性，这些影响并非对所有国家都一样。较小的发展中国家往往是世界市场的价格接受者，因为他们在全球农产品的分配方面扮演不了重要角色，出于同样的原因，世界价格的变化却对他们的影响巨大。此外，这种观点的典型经济论据也大多侧重于效率提高带来的收益，并假设这种收益有助于实现其他社会目标。但是，如果追求效率提高带来的收益将会直接影响其他社会目标的实现，那么将重点放在效率的提高上，把此作为最佳首要战略，必定会受到质疑。下文将阐述这些观点潜在的局限性，特别是与粮食安全有关的论断。

3.4.1 全球性价值链改变了市场均势

当前，世界粮食体系是围绕着十分复杂的全球大型农产品价值链构建的，并且实际由少数跨国大企业所主导（Murphy，2008；联合国贸易和发展会议，2009）。在这种背景下，贸易理论背后的假设很难在粮食和农业领域成立，因此，自由贸易理论预期的粮食安全收益是否有效便受到质疑。该理论中，资本是固定的、无法流动的，这一假设至关重要，如果公司可以进行海外投资，那么比较优势的概念就被削弱了（Schumacher，2013）。控制全球粮食价值链的跨国农业企业流动性非常高，有能力充分利用发展中国家具有的绝对优势来对其投资，这样一来比较优势也就不复存在了。此外，全球价值链产生的利润倾向于向掌控价值链的跨国公司（TNCs）累积，而不是流向生产地的农民（联合国贸易和发展会议，2009；McMichael，2013）。

现代粮食体系机构参与复杂的全球价值链，也会引起对贸易理论的竞争市场假设的质疑。竞争市场不存在了，贸易自由化带来的效益也就无法确定了。然而在农业领域，国内和国际市场的企业集中度较高，这也表明市场整体上缺乏公开竞争（生态技术集团公司，2009；Clapp and Fuchs，2009）。经济学家普遍认为，如果某一领域的前四家企业掌控了40%的市场份额，那么该市场就是缺乏竞争的，或者是低效的。在农业领域，前四大企业通常占有超过40%的市场份额，这表明该市场不具备竞争，是扭曲的市场（Murphy，2006）。这一点表明，低效率既可出现在国内市场，也可存在于国际市场。

如果从事农产品国际贸易的企业在全球范围内极度集中，则无法确定贸易自由化是否会降低与高集中度有关的低效率。例如，在全球粮食市场，四大粮商控制着世界粮食贸易的70%（Murphy et al.，2012）。高集中度在其他产品的国际贸易中也存在，包括发展中国家的热带产品市场，少数几个跨国公司掌握了大部分市场份额（公平贸易基金会，2013）。企业的这种主导市场的能力使其可以操控市场价格，从而造成市场的低效（Gonzalez，2011）。发展中国家在全球的市场份额很小，因此农业贸易自由化将会促进跨国公司更多接触本地市场，但是对当地农民和消费者的影响尚不能确定。在过去的 30 年中，由于农业投入品生产企业、加工企业和贸易企业的兼并和收购不断加剧，农产品的市场集中度越来越高（生态技术集团公司，2008）。

全球农业价值链高度金融化的本质也引起了人们对市场竞争和资本流动性的贸易理论假设的质疑。自 2007—2008 年粮食价格危机爆发以来，跨国金融投资大量涌入农业领域，人们开始普遍关注投机金融资本对农产品和土地价格的影响（Ghosh，2010；Isakson，2014）。这些问题引起了人们对贸易理论的另一假设的质疑，即价格在比较优势和相关调整机制中发挥的决定性作用。如果资本流动性、市场竞争以及金融化对全球农产品市场价格机制的影响等假设存在问题，那么就不确定基于"自然禀赋"的比较优势是否影响了国内投资和分配决策。图 3 为发展中国家的经典农产品价值链。

3.4.2 农业部门的生产要素流动不便

农业部门的特性也使得人们对贸易理论的假设——生产要素可以在国内自由流动产生了质疑。根据比较优势理论，为实现生产专业化，生产某一商品的劳动力和资本可以自由地转移到生产另种商品中。贸易自由化的倡导者承认，专业化生产中的要素转移将产生一定成本，但是他们强调，获利者可以补偿受损者或者政府可以通过相应实施政策进行补偿。而贸易自由化的反对者认为，生产要素转移所需的成本十分重要，而且补偿是不能得到保障的。此外，转移所需的成本不仅仅是指新产业产生的资本成本，还包括人力成本，即从事先前工作的员工为寻找新的就业所付出的心理和物质成本。新的就业机会可能是有限的，尤其是在非熟练劳动力占比较高的发展中国家（Chang and Grabel，2004；Fletcher，2010）。

由于农业活动和其依赖的自然环境之间的复杂关系，农业部门的生产要素流动非常不灵活，例如，农作物的生长周期很长。农业部门在为农民提供就业岗位方面也发挥了重要作用。由于农业部门的其他经济机会十分有限，因此，也为农民和他们的家人提供了重要的安全保障。但新的就业机会不一定能提高收入，因为从农业活动中转移出来的农民可能很难找到非农工作，或者找到其他与农业相关的工作（Sachs et al.，2007；Li，2009；Fuchs and Hoffmann，2013）。

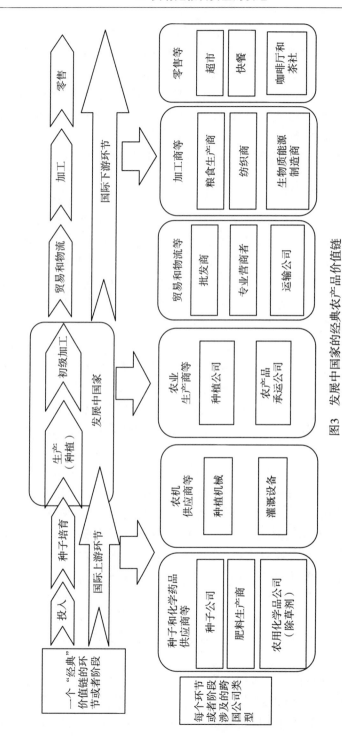

图3 发展中国家的经典农产品价值链

来源：根据2009年联合国贸易和发展会议（UNCTAD）、《世界投资报告2009》以及经联合国批准，2009年重新印制的《跨国公司、农业生产和发展》整理

上述不灵活性，使得生产要素在粮食和农业领域内流动以及在农业领域和其他领域间不同活动的流动，面临很大的困难和挑战，尤其是在短期内（FAO，2003；Chang，2009）。在许多世界贫困国家，对贸易相关变化中农业部门损失者的补偿是不可能实现的。许多发展中国家的粮食和营养援助项目等社会保障体系得不到充足的资源（FAO，2003；De Schutter，2009）。例如，最近的世界银行报告指出，世界上有 8 700 万贫困人口，他们大多数生活在农村地区，并没有被任何社会保障体系所覆盖（世界银行，2014b）。

3.4.3 存在外部性问题

贸易理论通常不考虑外部因素。为了有效分配资源，所有的成本必须计入商品价格中。由于这一假定没有考虑到经济活动以外的外部成本和效益，因此遭到了广泛批评（Daly，1993；Fletcher，2010；Prasch，1996）。一些学者希望测算这些外部性，旨在将收益和成本考虑进去，从而完善和修正现有的政策（Pretty et al.，2001）。例如，一些经济学家进行了相关模型测算，结果显示，如果农业生产的外部环境成本也计入全球粮食贸易价格，那么这些成本将超过贸易带来的潜在收益。斯密等学者计算出，至 2045 年，贸易自由化带来效益可达 90 亿美元，但是这些收益会导致增加 750 亿吨的碳排放量。排放量增加的主要原因是，根据比较优势调整生产，将提高土地的使用量，导致热带雨林，尤其是拉丁美洲的热带雨林，很可能变为种植出口农作物的农地。

其他研究也强调，在分析粮食贸易及其对环境的积极和消极影响时，应考虑某些粮食、作物和地区的重要性（MacDonald et al.，2015；Hertel et al.，2014）。对进行全球贸易的某些农产品而言，如肉、饲料、大豆和棕榈油等原料作物，生产供应国际市场的这些产品，意味着种植方式转向大型单一作物，这种方式已被公认为，会造成包括温室气体排放、生物多样性丧失和水资源消耗等在内的严重环境破坏（Foley，2011；Garnett，2013；Nepstad et al.，2006）。这些结果将导致粮食生产生态影响的不均衡分配，因为出口国要承担额外的环境成本（MacDonald et al.，2015）。以大豆和棕榈油为例，排名前五位的国家的产量合计占世界总出口量的 95%，同样，这些国家也付出了较大的环境代价（MacDonald et al.，2015）。对于那些小规模农户种植的农作物，如咖啡和可可，这些问题很少得到关注，虽然它们也是生物多样种植系统的一部分。

其他的与全球粮食贸易增长相关的潜在外部性，包括由加工食品和包装食品贸易的日益增长而引起的公共卫生问题，因为这些产品的购买量增加与饮食相关疾病发病率的上升有密切的关系（Friel et al.，2015）。目前，过度加工食品等对健康造成不良影响的加工农产品，在食品市场所占的比重越来越高，国际贸易规模越来越大（Rayner et al.，2006；Hawkes et al.，2012）。这类食品对健康的损害十分显著（Monteiro et al.，2013）。

与全球粮食贸易相关的外部性非常重要，也值得进一步研究。例如，交通运输、加工、包装和冷链等造成的环境影响通常未被考虑在贸易的效益研究中。就像戈德福里（2010）指出的：“随着全球化程度的不断加深，粮食生产的环境成本可能会增加。比如说，随着粮食产量和运输量的增加，温室气体排放量会上升。因此，如今亟待提高全球化对整个粮食体系的影响以及其外部性的认识。”

3.4.4 缺乏动态性综合考虑

基于比较优势的专业化生产优先考虑短期条件，而忽略国内长期的动态增长潜力。基于短期条件做出的专业化生产决策，使该国致力于生产初级商品等低附加值产品，很难从加工和生产中获取附加值，因此，将阻碍国家的长期发展（Chang and Grabel，2004）。这些问题也适用于农业部门，很可能会将一些国家局限在全球价值链（如图2所阐述）的某些低附加值、收益不高的环节（Chang，2009）。

如果一国从贸易中获得的收益不确定，且潜在收益的社会分配不均，那么国内的某些利益群体可能会发现自己的粮食安全状况比贸易自由化之前还要差（FAO，2003）。Chang等经济学家认为，工业化程度低的国家，粮食自给自足的政策非常合理，因为专业化生产很可能会导致饥饿和营养不良的问题，造成严重的负面后果，风险很大（Chang，2009）。与之相似，莫里森和萨里也提到，在国家发展的早期阶段，推行农业贸易自由化可能会导致该国农业竞争力下降，阻碍农业发展（Morrison and Sarris，2007）。对粮食部门贸易和发展的动态分析，将有助于进一步研究国家如何在不同形势下采取适当的政策措施。

3.4.5 提高效率影响其他目标

“贸易机会论”中效益的核心观点认为，效率最大化高于其他一切社会目标。虽然在某些情况下效率十分重要，但是维护食物权、维持良好的生计、建立可持续的粮食体系等其他社会目标也应受到同等重视。在追逐效益的同时，达成上述社会目标是可能的。然而，事实并非总是如此，常常需要权衡取舍。此外，就像上文所提到的，由于其他假定站不住脚，效益从一开始就不能确定，那么就更不清楚贸易是否在任何情况下都应该作为维护粮食安全的首要政策。

部分市场的低效对维护粮食安全和确保环境可持续发展非常重要。有些政策虽然在短期内低效，如农业领域的直接投资政策，但从长远角度来说会提高生产力（Chang，2009）。农业部门的生态修复力可以从某种程度上受益于经济条件的"效率低下"，但是从长远角度看，这对保护生态系统服务非常重要（Fuchs and Hoffmann，2013）。在严格的经济条件下，小规模、生态多样化的农业体系可能无法盈利，却可以为人们提供重要的生计，保护植物遗传多样性，为广大人类提供巨大的社会效益，增强粮食系统的修复力。政府实施的粮食分配和社会保障计划是根据需求而不是市场效率制定的，对保证所有社会成员获取充足的、有营养的食物是十分重要的（Devereux et al.，2012）。反对上述观点的学者表示，优先考虑其他社会目标的贸易政策应被视为纠正市场失灵的手段，而不应该被认为是"扭曲"市场（Nadal and Wise，2004）。

4. 贸易威胁粮食安全

与贸易机会论相对立的观点是贸易给粮食安全带来了威胁。近年来爆发的粮食危机令人们越来越关注这一观点，因为国际粮食价格的提高直接影响到那些将粮食进口作为国内主要粮食来源的发展中国家的粮食获取能力。正如上文所述，许多国家在粮食危机爆发后，尽量降低了对国际粮食市场的依赖。

"贸易威胁论"不仅仅是与"贸易机会论"观点的简单对立。除了对"贸易机会论"进行了批判，这一观点还提出了一种完全不同的粮食安全观，阐述了对粮食安全的另一种理解。与贸易机会论在管理粮食和农业领域的方式完全不同，这种观点重点关注小规模农户、生物多样性农业系统以及为实现粮食安全目标而从根本上减少对国际贸易的依赖。贸易自由化的倡导者认为，国际贸易是维护粮食安全的一种方式，因为粮食可在不同国家之间自由流动，加强了粮食的供应、可获得性、营养和稳定性，而持对立观点的一方认为，应优先考虑以本地的粮食生产来满足这些需求。事实上，这一观点一直在批评近来对"粮食安全"概念的具体阐释，因为该定义既没有具体说明粮食从何而来，也没界定粮食应如何生产，对于这些问题闭口不谈，意味着其倡导自由贸易和工业化的粮食体系（Patel，2009；Fairbairn，2010；Jarosz，2011；Lee，2013）。

贸易威胁论的拥护者包括发展中国家政府、民间组织和社会运动相关人员以及重要的粮食研究学者。其中，有些学者支持政府在制定国家粮食策略时发挥更大的作用，而有些学者支持发挥地区的粮食主权，并对国家权利机关持怀疑态度，也有学者希望两种方式相结合（Patel，2009；Iles and Montenegro，2015）。比贸易自由论者更折中的一派认为，从广义上说，之所以可以将那些持反对观点的人联合在一起，是因为他们都支持粮食应该在贸易政策中例外处理，粮食安全政策应做到社会平等、生态可持续并根据特定区域的具体情况而定。

这一观点并没有要求停止所有的粮食贸易，但其倡导者的确认为，在主流工业粮食体系中，应优先考虑国内和地方粮食系统而不是粮食贸易。这一观点主要有以下三个共同点：①参考主权这一政治概念以及国家和地区权利概念，形成自己的粮食体系和粮食安全政策；②农业部门的多功能性具有公共物品的性质，市场本身无法提供；③农业贸易自由化有关风险必须考虑，尤其是在各个国家间不平等贸易的情况下。下文将详细分析这些论点。

4.1 国家主权和粮食安全优先于贸易的权利

早期的粮食安全概念将国家层面的粮食供应作为国家安全的一个重要组成部分，许多政府依旧同意这一观点，并将其作为政治战略的一部分。如上文所述，这一观点坚持实现粮食自给自足或者至少具备大部分粮食可以自给自足的能力，至少从名义上说对国家安全是非常重要的。一些发展中国家持这种观点，因为他们不希望依靠其他国家供应粮食而令自己处于弱势，但其实不仅仅只有发展中国家持这种观点。乔治·沃克·布什在 2001 年对美国青年农民的讲话表明，发达国家也普遍存在这种政治观点：

"对我们的国家而言，种植粮食作物，养活我们的人民是很重要的。你能想象一个没有足够粮食来养活人民的国家吗？这个国家将备受国际压力，并处于危险之中。"

（布什，2001）

20 世纪的大部分时间里，国家安全与国家粮食的自主生产能力之间根深蒂固的联系无疑是将粮食例外于国际贸易规则的一个强有力的理由。以此为由，许多国家在国际贸易规则下继续对粮食采取特殊处理，他们认为，在采取措施促进粮食贸易之前，国家有权力制定政策，确保其国家粮食安全，这是第一要务。这些特殊政策包括提高其国内粮食产量占比，这是应对粮食供应中断和价格波动的重要方法，并可以为农村发展提供社会支持。

不仅仅是政府在强调贸易政策方面的主权，粮食主权运动也强调了要限制农产品贸易的权利，从而保障更广泛的社会和粮食体系的目标。如上文所述，粮食主权运动始发于 20 世纪 90 年代初期，起因是反对关贸总协定乌拉圭回合谈判将农业纳入国际贸易体系（Wittman et al.，2010；Patel，2009）。事实上，这一运动的主要目标是"将农业排除在 WTO 之外"（Via Campesina，2003；Rosset，2006）。从广义上说，粮食主权倡导国家和人民自主决定自己的粮食体系，包括市场关系、生态和文化方面的内容等（Wittman et al.，2010）。尽管粮食主权运动明确地将自己定位为农业和贸易的新自由主义模式的替代方案，但它也认可，当国内粮食产量不足和部分地区粮食产量过剩时，贸易的存在是必要的。然而，这一观点没有具体阐述贸易应如何进行，其优先考虑的仍是培育本地粮食体系和本地市场交易（Burnett and Murphy，2014）。

在粮食政策和实践中，无论是基于国家，还是基于民间社会的主权理论，均没有明确要求一个国家关闭粮食贸易的边境，实现完全的粮食自给自足。相反，提倡这种理论的人们寻求践行自己国家和地区所定义的粮食政策的权利，包括贸易相关政策。例如，其中可能包括根据消费情况提高国内粮食产量的比率，从而减少对这一重要资源的进口依赖。这可能会涉及实施包含保证购买价格、公共储备等措施在内的粮食政策，但有些人可能会认为这是贸易扭曲。然而，持这一观点的人们辩称，这是国家和地区的主权权利，将粮食安全置于商业之上，维护和优先考虑粮食权和粮食系统的环境可持续性，尤其是当这些政策是可用于维护粮食安全最容易的手段时。

4.2 农业的多功能性

将农业和粮食排除在国际贸易规则之外的第二个常见理由是，农业除生产可交易的产品外还有其他社会功能。农业还为社会提供了直接和间接的收益，包括粮食安全、生态服务、农村生计、乡村景观、社会和文化遗产（图 4）。正如萨克斯提到的，农业"不是个普通的产业，同时也不仅仅是个产业"（Sachs et al.，2007）。这一观点的支持者强调，这些与农业分不开的功能是"公共产品"。与其他公共产品一样，如果任由其自由发展，市场将无法产生与农业相关的其他收益（Sakuyama，2005；Potter and Tilzey，2007；Moon，2011）。这一观点认为，国家政策对纠正市场失灵问题起到了重要的作用（Moon，2010）。

虽然侧重点不同，但许多政府均强调贸易谈判中农业的多功能性。例如，欧盟强烈支持农业的多功能性，尤其是其在保护农村环境、文化、社会以及提供生态服务方面的作用。以此为基础，很多学者认为，农业在贸易政策上应继续保持特殊地位（Potter and Tilzey，2007）。日本和韩国等其他发达国家，也在强调农业的多功能性（Moon，2010）。与此同时，虽然 WTO 谈判多次提到农业的"非贸易关注"（NTCs）问题，但很多发展中国家也开始强调农业在保障粮食安全和农民生计上的重要性（Sakuyama，2005；Blandford et al.，2003）。《TRIPS 与公共健康多哈宣言》（以下简称《多哈宣言》）通过强调非贸易关注，认可了农业在社会中的特殊作用，包括农业在保障粮食安全中的作用、农业的环境功能和农业在农村发展中所发挥的作用等，认为这些因素都需要考虑。

粮食主权运动也强调了粮食的多功能性，并以此作为限制粮食贸易、提升小规模农民需求的依据（McMichael and Schneider，2011）。这一运动将重点放在农业的生态功能、其在维持农民生计和消除贫困中发挥的作用以及其文化重要性（Holt - Giménez and Altieri，2013）。他们指出，越来越多的证据表明，小规模农业生态化的耕作模式与环境的可持续性密切相关，例如，农业的固碳

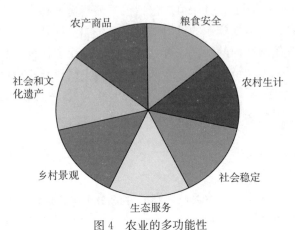

图 4　农业的多功能性

来源：FAO，2007；Sakuyama，2005；Potter and Tilzey，2007

功能有利于"降低气温"（Altieri，2002；Martinez - Alier et al.，2011）。也有越来越多证据表明，小规模生态农业可提高生产力（Pretty et al.，2006；Via Campesina，2010；Koohafkan et al.，2012）。

4.3　粮食贸易自由化将带来风险

贸易威胁论的第三个论点是，粮食和农产品的贸易自由化将给农产品生产者和消费者带来难以承受的风险（插文 2），这将危及粮食安全和食物权。这些观点在上文讨论过的贸易机会论的局限性中有所提到。那些认为贸易将给粮食安全带来威胁的人指出，贸易自由化为跨国公司和金融投资者增加获利打开了便利之门，而付出代价的却是农户。他们认为，更自由的贸易和投资政策使这些投资者能够更容易地获得发展中国家的土地和劳动资源，然后将其纳入全球农产品价值链的服务中。尽管贸易机会论的支持者认为，将小农户纳入全球价值链具有潜在收益（Maertens et al.，2012），而那些持怀疑态度的人，更倾向于关注和这些关系相关的成本（McMichael，2013）。

贸易威胁论的支持者认为，粮食和农产品的贸易自由化为大型农业跨国公司在全球各地获取粮食带来了机会。与当地的小型公司相比，这些大公司拥有强大的比较优势，将在竞争中排挤掉对手，产业集中度提高（Murphy，2006；Murphy et al.，2012）。如上文所述，水果、饮料和香料等许多热带农产品市场高度集中，少数几个跨国公司占据了全球绝大部分市场份额（公平贸易基金会，2013）。

插文 2 与农产品贸易和投资自由化相关的风险

(1) 小规模农户失去决策和生计自主权。

(2) 提高企业集中度和全球价值链的主导地位。

(3) 因国外大型投资商获得农田，农民失去了土地权。

(4) 造成基因多样性丧失和碳排放增加等生态代价。

(5) 加工和包装食品的消费和贸易增长，导致了更多的健康威胁。

来源：笔者。

农业贸易自由化体制下的全球农业价值链的扩张，也对农民的自主决策产生了重大影响。服务于这些全球价值链的小规模农户往往无法控制自己的决策，包括他们种什么粮食、投入什么、通过什么途径销售粮食、以什么价格销售等（Fuchs et al.，2009；McMichael，2013）。为满足与他们签订种植合同的公司的要求，这些农民往往要承担高额负债，同时还要面临因无法达到特定技术要求和产品标准而被公司拒收的高风险（Singh，2002；Masakure and Henson，2005；Kirsten and Sartorius，2002）。

农业贸易自由化以及将农业打造成高度资本化的农业价值链条也被贸易威胁论者视为促进金融和跨国公司投资者收购大块土地的原因（Fairbairn，2014；Isakson，2014）。自 2007—2008 年粮食危机爆发以来，大规模的土地收购活动迅速扩张，导致农民丧失了土地使用权。同时，由于投资者往往在收购的土地上推广工业化种植生产模式，这也将对土地的生态环境造成很大影响。（Deininger et al.，2010；White et al.，2012；Cotula，2012）。持这一观点的人还认为，贸易自由化将带来更广泛的生态成本，包括针对出口而采取的专业化生产将降低基因多样性，长途食品运输、储藏和配送将造成碳排放等（Schmitz et al.，2012）。

贸易威胁论的支持者越来越关注，由于大型食品公司在全球农业产品价值链中控制力增强所导致的健康方面的问题。这些供应、加工和零售网络都是全球"饮食转变"的渠道，其特点是加工和包装食品消费量不断提高，从而导致了与饮食相关的糖尿病和心脏病等慢性疾病发病率的提高（Rayner et al.，2006；Hawkes et al.，2012；Friel et al.，2015）。以北美自由贸易协议（NAFTA）为例，1995—2008 年，它促进了美国玉米、大豆、糖、零食和肉产品对墨西哥的出口。这些产品在墨西哥的食品体系中日益流行，导致了墨西哥人的肥胖率升高（Clark et al.，2012）。

鉴于贸易自由化可能带来的相关风险，贸易威胁论者赞成，国家尤其是发展中国家政府应该发挥更大的作用。政府应承担的责任，包括管理和制定限制农业跨国公司权利的政策，保障小规模生产者，尤其是发展中国家的小规模生产者的生计、健康、环境可持续性和粮食安全。虽然粮食主权倡导者对国家在农业政策所发挥的作用表示有些怀疑，但他们仍强调了政策支持对小规模生态农业生产的重要性。他们指出，目前全球粮食近 70% 的供给是由农民生产的，却仅使用了分配给这一领域的 30% 的资源。这与工业化的食品链形成了鲜明对比，它们使用了 70% 的资源，而仅提供了 30% 的世界粮食供给（生态技术集团公司，2009）。他们认为，平衡对农民生产者的支持，是确保粮食系统可持续性和公平的关键。

4.4 贸易威胁论可能的局限性和不一致性

贸易威胁论对许多政府和农业社会运动的参与者均具有很强的吸引力，因为其提到了（国家或农村社区）主权选择的概念，并承诺未来将实现生态的可持续发展，这将比目前的体系更公平且更富有生产力。与贸易机会论一样，将贸易看作限制因素的观点也是建立在某些假设的基础上。如果仔细研究这些假设，就会发现观点内部存在分歧，从而可以提出对未来进一步研究很有帮助的一系列问题。其中的一些局限和分歧，反映了上文探讨过的贸易机会论支持者提出的观点，为了减少重复，下文将简要阐述这部分内容。

如上文所述，贸易威胁论也包含了不同的观点。一方面，粮食主权的观点侧重于社区主权。另一方面，还有一个观点侧重于国家政策空间权利。因此，以下提到的一些问题可能适用于其中某些观点，而对另一些是不适用的，尽管这些分析往往会重叠和相互补充。

4.4.1 粮食自给自足并不是所有国家的可行性目标

贸易威胁论者常常会提到，他们并非要求所有国家均实现完全的粮食自给自足，但他们的论断中常常会隐含着，应为实现这一目标而努力（尤其是粮食主权支持者），而有些人明确表示这就是目标之一。虽然自给自足（或者尽量减少对粮食进口的依赖）的观点在政治上得到了很多国家和地区的赞同，但是对很多国家来说，这个目标可能无法实现。然而，值得注意的是，粮食自给自足的概念也有所不同。这些概念从极端的国家完全封闭边境，到提高一国国内粮食产量占国内消费量的比重。

如上文所述，受气候条件、土壤质量、水源短缺、土地面积有限等原因制约，有些国家无法生产充足的粮食，必须依靠贸易确保粮食安全。在这种情况下，这些国家更适合专业化生产其先天资源条件比较适宜的特定作物。一项研究表明，目前世界上 66 个国家无法实现粮食自给自足（Fader et al.，2013）。以新加坡等城市国家和许多岛国为例，他们没有足够的耕地为居民供应粮食。再比如，受天气变化影响，撒哈拉以南非洲国家很难生产满足国内消费的充足粮食（Agarwal，2014）。事实上，很多国家因为上述原因已经依赖于粮食进口，虽然导致粮食进口依赖度提高的原因比较复杂（Rakotoarisoa et al.，2011）。那些完全不进行贸易或者禁止大部分贸易的国家可能在天气变化和其他未预见事件发生时，面临国内粮食供应危机的风险。贸易机会论者表示，供应短缺和价格波动将会时常出现，而且国内市场的情况通常比国际市场更严重（Zorya et al.，2015）。

展望未来，随着粮食贸易形势的高度复杂化，从政治边界的角度考虑粮食供给可能变得越来越不重要了。根据最近的一项研究估算结果，目前全球已有 16％的人口依赖国际贸易满足粮食需求，预计 2050 年，依靠粮食进口维持粮食安全的人口比例将上升至 51％（Fader et al.，2013）。然而，一些学者认为，对进口依赖度的提高很大程度上是因为不公平的贸易政策（Rosset，2006）。也有一些人指出，其中的原因十分复杂，不仅仅包括贸易行为，也包括环境变化和资源约束等原因（Rakotoarisoa et al.，2011）。如上文所述，贸易机会论者强调了这一观点，主张贸易可以通过鼓励生产某些条件最适合的特定作物来提高效率。粮食主权支持者并不否定有些贸易是正当的、合理的。两者的分歧主要是在解决这些问题所需要的贸易自由化程度（与特定条件下的贸易相比）（Burnett and Murphy，2014）。

4.4.2 保护主义对他国粮食安全造成不良影响

许多国家通过国内政策来保障粮食安全和农民生计，而有些国家认为这种政策会造成贸易扭曲。虽然贸易威胁论以主权为由，试图为国家或社会层面的市场干预政策进行辩护，但在某些情况下，这些措施可能会危害他国粮食安全。正如上文所述，出口限制作为降低国内粮食价格的途径颇具吸引力，但是也可能会对其他国家产生负面影响（Sharma，2011；Headey，2011）。虽然很多国家并不是主动地危害其他国家的粮食安全，但是较为贫困的国家往往缺乏手段和资源来实施完全贸易中立的国内粮食安全政策。此外，这种观点也存在一定的风险，因为有些国家可能以主权为理由，来证明粮食安全政策的合理性，而这些政策也可能成为贸易保护的一种形式。只要存在问题，就有必要进一步研究这种情况是否实际存在。

贸易限制和/或贸易扭曲政策的自由实施不可能调整国际经济中的不平等，反而有可能加剧这种不平等。如上文所述，许多粮食主权支持者建议将农业排除于 WTO 之外。但是这么做会导致竞争环境比现在更加不公平。富裕的工业化国家可能恢复以往高度扭曲的贸易行为，例如，以低于成本价格倾销等，这种方式会给世界上最贫困的国家带来严重的问题（Murphy et al.，2005）。如上所述，尽管有些保护措施可能以多功能性为由，用以纠正市场失灵的，但由于缺乏国际认可的统一准则，这些措施可能会造成广泛的国际市场干预，从而给最贫困国家的粮食安全造成外部负面影响。

4.4.3 农民的选择权

粮食主权议题很大程度上是基于一个假设，即所有的农民都希望在小型农场种植粮食，并在本地市场出售。然而，由于农民的利益点不同，包括小规模农户的种植利益在很大程度上是不同的，因此他们所从事的活动也不同（Murphy，2012）。尽管产品由于不符合大型供应商标准要求而被拒收的问题可能存在，农民可能还是愿意选择种植经济作物和出口作物，并在国际农产品价值链中销售（Burnett and Murphy，2014；Li，2015）。即便有这些限制，农民依旧选择经济和出口作物生产的主要原因，是参与这些供应链比不参与得到的收入要多，哪怕仅仅是作为被雇佣的农民或者是种植园的劳工（Singh，2002；Swinnen and Vandeplas，2012）。

农民也可以通过多样化生产来降低风险，包括种植一些贸易作物和自产一部分粮食作物（Isakson，2009）。如果有机会，有些农民可能会放弃农作。考虑到大量发展中国家的小规模农户生产可可、咖啡、茶叶、糖、水果和蔬菜等全球贸易商品，认可其选择是否愿意从事种植、怎样种植的权利是十分重要的（Agarwal，2014）。

4.4.4 小规模生产者为所有人提供充足的粮食的挑战

粮食主权支持者的假定是：小规模农场可以生产足够的粮食，为世界上所有人提供足够的营养。这个假设极具吸引力，但是正如反对者所指出的那样，这种假设需要进一步研究论证（Bernstein，2014）。事实上，小规模农场已经生产了大量供应全球的粮食，但是缺乏详细的数据佐证。一些研究者质疑，在世界人口不断增长的情况下，由当地市场引导的小规模粮食生产是否能满足世界粮食需求。大量研究表明，小规模农场单位土地面积产量的生产率比较高，这说明小规模生态农场具有为所有人提供充足粮食的潜力（Pretty et al.，2006；Badgley et al.，2007）。但是，贫困国家的农场与富裕国家相比，单位面积产量要低（FAO，2014）。特定作物的产量是否比生产潜力更重要，这是一个需要进一步研究的重要问题。

辩论双方的大多数学者均同意，小规模农场对确保未来粮食安全至关重要，而且有可能通过生态无害的方式提高小规模农场的生产率。然而，他们之间仍存在相当大的分歧：在小规模生态农场模式下，是否需要用更多耕地，来维持或增加全球粮食产量，从而满足日益增长的世界人口对粮食的需求（Smith，2013；Hertel et al.，2014）。由于可用于作物种植的耕地数量限制，以及退林还耕导致的生态环境破坏，有些人提出了"可持续集约化"的观点，认为这是一条提升现有农业用地产量的可行的中间途径（Foley et al.，2011；Garnett et al.，2013）。也有些人对此观点持怀疑态度，他们认为这一观点中的可持续性缺乏评判标准，如公平性、将产量置于营养可获得性等其他粮食安全的重要方面之上等（Loos et al.，2014）。因此，对这个重要而又富有争议的问题需要进行更多的研究（Godfray，2015）。

4.4.5 分配问题

粮食主权模式的主要焦点是农业生产者的权利和生态种植模式的生态效益。与此同时，一些学者指出，关于粮食主权下的粮食可获取性的详细分析相对较少，尤其是如何形成协调当地小规模粮食生产与不断扩张的城市消费者之间关系的合理模式，特别是在粮食生产立足于自给的情况下（Bernstein，2014）。目前城市人口已占世界人口总数的一半，未来几十年内还将继续增长，而从粮食主权等角度对这一重要问题的研究才刚刚起步（Crush and Frayne，2011；Marsden，2013；Blay‐Palmer et al.，2015；McMichael，2015）。粮食主权运动的重点是社会层面的集体权利，虽然很重要，但是可能转移人们对家庭和社会分配不足和不平等的关注，在这种情况下，女性通常陷入无偿的劳动中，土地和其他权利均无法得到保障（Agarwal，2014）。这些分配问题十分重要，需要进一步考虑。

5. 弥合分歧

有关粮食安全和贸易关系的两种对立观点间的矛盾有可能缓和吗？二者能否都以有意义的方式，为与农业和粮食相关的国际贸易政策制定做出贡献？这些论述虽然乍看之下是完全对立的观点，但是二者确实存在共同点。只有从这一角度考虑，才有可能促成具有成效的政策对话。虽然双方阵营对"自给自足"的概念理解不同，但是两种观点都强调自给自足的重要性。主张贸易自由化的一方认为，自给自足意味着利用国家可用手段，包括成本收益较高的贸易，来确保粮食安全（FAO，2003）。将贸易视作粮食安全潜在威胁的一方认为，自给自足就是首先依靠自身生产，仅在满足特定条件的必要情况下，进行贸易（Via Campesina，2003）。二者之间的区别在于对贸易的依赖程度，以及国内粮食政策应该在多大程度上包括限制贸易的措施。

5.1 两极化倾向

如果两种对立观点具有潜在的共同点，那么为什么目前的争论如此两极化？令争论激化的关键原因有几个，破解这些问题就可以为促成高效的对话扫除障碍。

首先，这两种观点出自于不同的意识形态，两种观点支持者的学科背景也不同。因此，每一种观点都有自己的学科语言和分析逻辑，令人很难看出两方的共同点。比如，主张贸易自由化的人大多是从经济学角度看待这个问题，注重于分析市场分配的潜在好处，以实现社会目标。争论双方往往把重点放在市场上，将市场作为分析的基本单位，并将激励、效益、经济增长、收入、可持续发展以及个人的经济权利等纳入其中。粮食政策和实践中倡导主权的一方，往往来自其他学科，这些学科优先考虑实现社会目标的其他方式，包括政府和当地社会组织管理市场。这些观点通常将农业社会（国家层面或社会层面）的生产率作为分析的关键单位，并将自给自足（或至少优先考虑自产）、主权、民生、环境和社会公正、农业生态以及集体权利等因素纳入其中。

两种观点均以科学依据支持他们的说法，但是他们提出了对自认为科学合理的方法、数据和指标的不同理解。贸易自由论支持者主要运用国家和全球层面的大量数据，定量实证评估贸易对粮食安全的影响。相关的方法包括，采用粮食进口额与出口商品总额的比例衡量一国自海外进口粮食的能力，从而反映出依赖粮食进口在经济上是否可行。粮食产量和劳动生产率也常被用作评估农业部门有关效率的标准。通过利用上述方法，这一观点试图通过量化效益和粮食的获取量等保障粮食安全的重要因素，来评估贸易自由化带来的益处。

将贸易视为对粮食安全潜在威胁的学者，则以特定类型的定量数据和定性案例研究数据支持他们的观点。就定量数据而言，主张这一观点的人重点将国家自给率（消耗国内生产粮食的比例）和粮食进口依赖度（进口粮食在粮食消费中所占比例）作为衡量农业经济是否健康的指标。他们也采用单位土地的综合农业生产率和从事农业的人口比例，而不是用作物产量或单位劳动力产量来衡量农业生产率。这一观点还大量引用了基于访谈和调研的定性案例研究，对比分析并了解贸易自由化、本地化生产以及可能的其他模式对生活、文化和生态服务等方面的一系列影响。通过运用这些方法，该观点试图评估当地社会的生产率和可持续性，因为这些要素对他们来说，是影响粮食安全的至关重要的因素。

最后，当对方观点与自己的观点对立时，各方均倾向于简化对方的观点。对方的观点往往以极端的形式被描述出来，然后证明对方观点与其提倡的观点相比，是不切实际的，是行不通的。例如，贸易机会论支持者通常将与其对立的观点描述为，其以完全的自给自足和高度保护性贸易措施为基础。与之相反，贸易威胁论者将另一方的观点描述为，主张大规模工业化种植模式下的完全自由贸易。在这两种情况下，对方的极端观点因诸多原因被认为有问题而不予接受，结果造成争论双方对各自观点非此即彼，从而扼杀了进行建设性政策对话的可能性。

争辩双方所采取的修辞策略均反映了 Albert Hirschman（1991）对公共政策辩论中两极化的修辞性质的描述。根据他的说法，在这种争论中提出的论断往往属于三个类别中的一个或多个，这三种类别是公共政策问题观点支持者想要诋毁另一方观点时采取的修辞类别。这三种类别是：无用——使得其他政策在结构上保持基本完整，但是无法实现目标；反常——使得另一种政策会产生适得其反的结果，与其期望得到的结果相反；危险——另一种政策会破坏先前取得的成果，并为此付出无法承受的代价。这些策略往往在政治辩论中结合使用，从而诋毁对方，甚至是在论据有可能自相矛盾的情况下使用。

如上文所述，贸易机会论和贸易威胁论都对另外一方宣传的政策采用了修辞式的论断。例如，以贸易机会论的观点为例，将自给自足描述为有悖常理，认为其将导致适得其反的效果，破坏了过去 50 多年来消除饥饿取得的成果。与之相似，贸易威胁论观点只看到了贸易自由化的负面影响，认为其可能造成无法承受的代价，令贫困人群和边缘人群进一步深陷饥饿当中。两种观点均认为对方是无用的，都被局限在原有的结构中，无法为实现粮食安全的目标做出足够的改变。如赫希曼所说，这些争辩的手段将造成辩论的两极化，形成了一种"彼此忽略"的氛围，也终结了针对重要的公共政策问题开展有意义对话的可能（Hirschman，1991）。

5.2　有没有可以跨过粮食安全和贸易两极观点的方法

仅仅因为一种观点试图通过市场分配来提高效率，并不代表其不重视小规模生态种植。也不能仅仅因为另外一种观点试图通过解决粮食安全、社会和生态问题来提升社会或国家的农业生产率，就意味着其拒绝所有的国际贸易。在考察粮食安全和国际贸易的关系时，从激烈的争论中摆脱出来，比较两方的成本和效益，采用多种方法并从多种学科的角度考虑是十分重要的。例如，从粮食安全的四大支柱（供给能力、获取能力、利用能力和稳定性）的角度，分析各方观点中贸易通过何种方式、促进了还是损害了粮食安全，对理解两者之间的分歧是十分有意义的（图5）。近期，已经有人针对这些方面开展了相关研究（Brooks and Matthews，2014；FAO，2015）。

粮食安全维度	潜在机遇	潜在威胁
供给能力	● 专业化和与之相关的效益可增加全球范围内的粮食产量 ● 进口可以增加国内粮食供给	● 无法保证所有国家粮食供给增加（潜在的受益者可能比较集中） ● 如果一国专门从事非粮食产品的农产品出口，那么当地的粮食产量可能会减少
获取能力	● 提高全球粮食产量可促进粮食价格下降和可获得粮食数量增加 ● 收入增长（受益于出口和专业化生产）将提高粮食的可获取量	● 公司对供应链的控制和不平等的土地持有，将导致一国内收入分配不均 ● 部分生产者可能损失收入，或由于没有其他选择，而从农业部门转移出去
利用能力	● 进口可促进饮食的多样化，增加营养	● 加工食品的进口、专业化生产将影响营养摄入（肥胖风险、饮食营养成分减少）
稳定性	● 粮食进口可以缓解由于季节、天气变化或其他因素造成的国内粮食短缺 ● 贸易可以稳定国内供给，缓和国内价格变动	● 专业化生产将引发环境的外部性问题，并导致未来的不确定性 ● 对粮食进口的依赖将增加粮食供给的风险，并可能引发因全球产量和价格波动导致的粮食供应中断

图5　评估贸易给粮食安全四大支柱带来的效益和成本

来源：笔者

5.2.1 聚焦更加开放的问题

将政策辩论的重点转移到更具有开放性的问题上，把重点放在粮食安全问题上，通过突出双方认同的领域而不是有分歧的部分，可能有助于促成更有成效的对话。如果就贸易对粮食安全是有利还是不利进行提问，那么得到的答案不是肯定的就是否定的。但是，如果提出的问题是"在什么样的条件下贸易可能会维护粮食安全"，很可能会得到与争论双方观点都不同的答案。双方都没有忽略贸易，也认可在特定情况下要谨慎处理贸易问题来保证其对粮食安全产生积极的效果。将粮食安全作为讨论的中心，并将贸易的作用和其他粮食安全政策考虑在内，将有助于双方坐在谈判桌前，就政策的制定达成共识。

5.2.2 形成共同语言

通过建设性对话来形成共同语言将有助于绕过此前的对立，鼓励通过加强合作，共同解决问题。可通过形成关键概念的新表述方式来表达两种观点的相同之处。例如，由于两方观点均没有主张将完全的贸易自由化或者完全的自给自足作为任何国家的贸易政策，那么融合可能是以一种更具建设性的方式来考虑贸易和粮食安全的政策空间（图 6）。这种方式有助于克服那些阻碍建立有意义对话的非此即彼型的分歧。事实上，WTO 已经建立了关于非贸易关注问题方面的规则，也设立了特殊和差别化待遇。创造政策空间，使各国能够采取符合贸易规则的政策，有助于创造解决各国所关心的不同问题的机会。然而，辩论的双方必须均愿意考虑这些政策是如何在国际贸易规则框架下实施的。

图 6　处于两种极端观点间的合理政策行动范围

来源：笔者

5.2.3 构建新的指标

与争论的两方磋商并构建新的、客观的科学指标是十分有意义的。例如，类似于"粮食平衡指数"这样的综合指标，既对生产自给率和进口依赖度进行了评估，同时也衡量了农产品出口对经济的重要性和可用于支付进口的整体出口收入。这样一个指标，结合用来评估国家粮食安全和贸易情况具体内容的个体指标，或许可以协调解决不同观点的关注点。选择中立的言辞，把争论双方都认为重要的指标纳入到综合指数中可能是一个富有成效的做法，这样可以确定粮食安全的贸易政策的合法空间。FAO已经开始定期发布一系列粮食安全指标[①]，并对这些指标进行定期更新，补充自给率等附加指标来完善这一指标体系。

5.2.4　利用全球治理论坛来加强两种观点的融合

争论双方均同意，各国情况有所不同，需要根据各自的情况确定不同的规则（Morrissey，2007）。例如，有些国家饥饿问题较为严峻，因此某些政策工具对这些国家比对其他国家更为适用。再比如，相对富裕的国家可以利用非贸易扭曲的补贴方式，而可利用资源较少、没有能力提供补贴的国家可能需要更多地依靠贸易措施。出于这些原因，在不同的政策背景下应采用有差异而非统一的规则。这也是WTO"政策空间"概念隐含的观点之一。双方可能均同意，应警惕一国对其他国家产生额外领土的影响，这是十分重要的。而且双方可能均认可贸易规则的重要性。

就这一点而言，发展中国家政府近年来在WTO谈判中已经受到了挫败。在WTO谈判中，粮食安全成为焦点，这主要是因为权力和利益推动了谈判成果的形成，而大家在这些问题上往往不会妥协。到目前为止，倡导粮食主权的民间社会团体始终不愿意参与WTO谈判，而更愿意与设在FAO的世界粮食安全委员会（CSF）合作，部分原因是基于上述考虑。全球治理在粮食和贸易交叉问题的碎片性可能会加剧这种政策环境下双方观点的分歧。同时，全球化治理领域的碎片化也可以实现创造性对话和治理方法创新的协同效应（Biermann et al.，2009）。

新的共同语言的发展和新论坛的开放，为这些机构之间开展对话搭建了桥梁，有助于缓和有关贸易和粮食安全政策争论的紧张局面。例如，允许在世界粮食安全委员会上，围绕贸易政策展开更开放的研讨，可能鼓励民间社会更广泛地参与政策讨论，有助于达成和建立双方共识的领域，从而以更有效的方式推进争论。

例如，在适当的条件下，有可能达成一套全球一致同意的指导方针。在这一方针下，国际贸易能够支持粮食安全，这类似于近几年来由世界粮食安全委员会管理的可靠农业投资和土地使用权。这一类的指导方针通常是自愿的，只规定了总体原则，而不是严苛具体的治理规定。但是，建立原则和指导文件的过程非常重要，因为它可以作为一种机制，促进那些通常不合作的利益相关方

---

① 参见 http://www.fao.org/economic/ess/ess‐fs/ess‐fadata/en/。

之间的对话，有助于找到他们的共同点。此外，法律软规则可以作为未来更具法律重要性的硬法律协议的基础或立足点。参与制定维护粮食安全的贸易原则，可以鼓励各成员积极地在 WTO 框架之外就这一议题开展更富有成效的对话。而在 WTO 谈判中，各成员均积极寻求本国或地区的利益。如果各国或地区和其他利益相关方认真对待这个问题，那么推动这一进程，将可以最终打破 WTO 因农业规则制定所陷入的僵局，改变粮食安全与贸易关系的处理方式。

同样的，WTO 成员应按照达成一致的目标，为粮食安全创造明确的政策空间，这是十分重要的。2001 年《多哈宣言》明确提出了粮食安全和环境等非贸易关注问题，并指出，在构建贸易规则时必须要考虑这些问题。因此，以最适合最贫困国家需求和能力的方式，为粮食安全措施开放政策空间是该回合谈判谈判已经达成共识的原则。由于成员之间存在争议所引起的任何试图放弃上述多哈回合谈判已经达成目标的想法，都应该受到成员的抵制。因为放弃这些目标，将面临政策辩论的两极分化加剧的风险。

描绘出双方在世界粮食安全委员会和 WTO 中有关贸易和粮食安全政策的共同区域，将为治理行动留出合理的政策空间，也将有助于平衡效率目标和其他社会目标。

6. 结论

全球粮食贸易虽然是一种经济活动，但是也与粮食安全、农民生计、文化、生态和政治紧密相关。因此，对贸易和粮食安全关系的评估，必须要考虑一系列的问题，并采用多元的分析方法。截至目前，大多数关于这个话题的研究均倾向于选择性地探讨。正如本文所述，对这一问题采取不同的分析方法，将产生相反的、高度极化的对立观点，因此在很多情况下阻碍了这一领域政策的制定。每一种论述都吸取了不同的关于粮食安全以及贸易在农业中适当作用的观点。每个观点都从不同学术理论中而来，它们侧重于问题的不同方面。每个观点的倡导者都有合理的理由来解释他们的观点和认识，而且支撑他们观点的传统和观念都有着深厚的历史渊源。

在制定粮食安全和贸易相关政策时，每种观点里的合理论点都要被考虑在内。但是，每种观点都具有局限性，因此将产生一些重要问题，也需要进一步研究。由于每个观点出自不同的学术和意识形态，并采用了不同类型的科学数据，在实践中寻找它们的共同点是十分困难的。在 WTO 政策框架下，由于权力和利益影响了谈判进程，因此这种争论更加激烈。尽管在这种框架下寻求两者的相同点似乎希望不大，但是一些措施可以有助于找到一条更高效的途径来迈出弥合分歧的第一步。本文建议发起针对更加开放问题的对话，联合开发新的共同语言，增加可融合的领域，同时，利用争论双方均采用的数据形成新的指标，创新有助于提高对话效率的治理措施。

这场争论的另外一个重要出发点是，双方都认识到，世界是全球性的，禁止所有的贸易并不是可能或可取的政策。虽然他们在关于贸易对粮食安全的作用方面有不同的看法，但是双方均认为，在某些条件下，贸易确实应该存在。在贸易政策和全球贸易规则结构下，如何谈判确定这些条件，是目前 WTO 以及世界各国贸易政策背景下需要解决的重要任务。这些规则如何纳入解决粮食安全的全球治理框架中，是粮食安全委员会和其他粮食安全组织（如 FAO 等）正在讨论的问题。

围绕不同观点可能的结合点，开展富有成效的对话的可能性很大。其中，有以下几个经典的例子：

（1）认识到农业在社会中发挥了各种作用，需要在贸易政策中，从效率的角度平衡这些目标。WTO 认识到非贸易关注问题的重要性，以及特殊和差异待遇的重要性，这标志着贸易体制中有关这些问题的准则发生了转变。目前的任务是保证这些观点能得到重视，而不为强权政治所裹挟。

（2）更多地关注环境可持续性对国际贸易政策和实践的影响。随着世界粮食需求的增加和气候变化对粮食系统的影响，确保粮食安全的可持续性是至关重要的。如果不这样做，不仅会损害粮食生产所依赖的自然资源，而且粮食安全本身也将受到损害。虽然 WTO 已经将环境问题列为重要的非贸易关注问题，但是环境对贸易政策的影响应得到更多的关注，尤其是在不同贸易模式下采取哪种农作方式。

（3）更加重视饮食和贸易政策的关系。食品的质量和营养问题极为重要，在制定贸易政策时应得到更多的关注。随着与饮食相关的慢性病发病率提高，考察加工和包装食品贸易规模的增加所带来的健康风险，以及贸易政策如何减少这些风险，也是十分重要的。

（4）平衡贸易政策中农村生产者和城市消费者的需求。考虑到发展中国家的农业人口占比较高，农村生产者的需求尤其重要，同时，消费者的需求也应被考虑在内。

（5）确保一国的贸易政策不会对其他国家的粮食安全造成损害，同时平衡不同国家追求农业发展和粮食安全长期战略目标的能力。重要的是发展中国家不应被局限于某些特定类型的农业生产，也不应被阻挠制定本国的粮食安全政策，与此同时，制定与国情相应的粮食安全贸易政策，要保证不对其他国家的粮食安全造成损害。

这些仅仅是在与粮食安全相关的贸易政策制定中，双方需要进行更富有成效的对话的几个领域。本文介绍的不同观点对这些具体问题有不同的看法，但是在这些例子中都存在潜在的可融合的领域，这些领域可以作为在全球框架下建立共同标准或者设立贸易支持粮食安全规则的出发点。如何在贸易政策中解决这些问题，不仅仅取决于观点的表达，而且受权力和不同利益的影响。然而，与此同时，需要谨记的是，历史已经表明，粮食安全和贸易规则是可以改变的。通过创新治理过程，可促进达成更富有成效的对话，有助于制定新的政策来解决这个紧迫和有严重分歧的问题。

参 考 文 献

Agarwal, B. 2014. Food sovereignty, food security and democratic choice: critical contradictions, difficult conciliations. *Journal of Peasant Studies*, 41 (6): 1247 - 1268.

Ahlberg, K. L. 2007. "Machiavelli with a heart": the Johnson Administration's Food for Peace Program in India, 1965—1966. *Diplomatic History*, 31 (4): 665 - 701.

Aksoy, M. A. 2005. Global agricultural trade policies. *In Global Agricultural Trade and Developing Countries*, edited by M. Ataman Aksoy and John C. Beghin, 37 - 54. Washington, DC, World Bank.

Altieri, M. A. 2002. Agroecology: the science of natural resource management for poor farmers in marginal environments. *Agriculture, Ecosystems & Environment*, 93 (1 - 3): 1 - 24.

Anderson, K. 2013. Agricultural price distortions: trends and volatility, past, and prospective. *Agricultural Economics*, 44 (s1): 163 - 171.

Anderson, K. & Martin, W. 2005. Agricultural trade reform and the Doha Development Agenda. *The World Economy*, 28 (9): 1301 - 1327.

Badgley, C., Moghtader, J., Quintero, E., Zakem, E., Jahi Chappell, M., Avilés - Vázquez, K., Samulon, A. & Perfecto, I. 2007. Organic agriculture and the global food supply. *Renewable Agriculture and Food Systems*, 22 (2): 86 - 108.

Barrett, C. B. 2010. Measuring food insecurity. *Science*, 327 (5967): 825 - 828.

Bernstein, H. 2014. Food sovereignty via the "peasant way": a sceptical view. *Journal of Peasant Studies*, 41 (6): 1031 - 1063.

Biermann, F., Pattberg, P. Van Asselt, H. & Zelli, F. 2009. The fragmentation of global governance architectures: a framework for analysis. *Global Environmental Politics*, 9 (4): 14 - 40.

Blandford, D., Boisvert, R. N. & Fulponi, L. 2003. Nontrade concerns: reconciling domestic policy objectives with freer trade in agricultural products. *American Journal of Agricultural Economics*, 85 (3): 668 - 673.

Blay - Palmer, A., Sonnino, R. & Custot, J. 2015. A food politics of the possible? Growing sustainable food systems through networks of knowledge. *Agriculture and Human Values*, February. DOI: 10.1007/s10460 - 015 - 9592 - 0.

Brooks, J. & Matthews, A. 2015. Trade dimensions of food security. *OECD Food, Agriculture and Fisheries Papers*, No. 77. Paris, OECD Publishing. Available at http://edepositireland.ie/handle/2262/73601, Accessed June 2, 2015.

Bukovansky, M. 2010. Institutionalized hypocrisy and the politics of agricultural trade. *In* Abdelal, R., Blyth, M. & Parsons, C., eds. *Constructing the international economy*, pp. 68 - 89. Ithaca, USA, Cornell University Press.

Burnett, K. &. Murphy, S. 2014. What place for international trade in food sovereignty? *Journal of Peasant Studies*, 41 (6): 1065 - 1084.

Bush, G. 2001. President's Remarks to the Future Farmers of America. July 27. Available at http: //georgewbush - whitehouse. archives. gov/news/releases/2001/07/text/20010727 - 2. html, accessed July 7, 2015.

Carolan, M. 2013. *Reclaiming food security*. New York, USA, Routledge.

Chang, H. J. 2009. *Rethinking public policy in agriculture: lessons from distant and recent history*. Rome, FAO.

Chang, H. J. &. Grabel, I. 2004. *Reclaiming development: an economic policy handbook for activists and policymakers*. London, Zed Books Ltd.

Clapp, J. 2012. *Hunger in the balance: the new politics of international food aid*. Ithaca, USA, Cornell University Press.

Clapp, J. 2015. Food security and contested agricultural trade norms. *Journal of International Law and International Relations*, 11 (2): 104 - 115.

Clapp, J. &. Fuchs, D. , eds. 2009. *Corporate power in global agrifood governance*. Cambridge, USA, MIT Press.

Clapp, J. &. Murphy, S. 2013. The G20 and food security: a mismatch in global governance? *Global Policy*, 4 (2): 129 - 138.

Clark, S. E. , Hawkes, C. , Murphy, S. , Hansen - Kuhn, K. A. &. Wallinga, D. 2012. Exporting Obesity: US farm and trade policy and the transformation of the Mexican consumer Food Environment. *International Journal of Occupational and Environmental Health*, 18 (1): 53 - 64.

Clay, E. 2002. Food Security: Concepts and Measurement. Paper for FAO Expert Consultation on Trade and Food Security: Conceptualizing the Linkages. Rome, FAO.

Cotula, L. 2012. The international political economy of the global land rush: a critical appraisal of trends, scale, geography and drivers. *Journal of Peasant Studies*, 39 (3 - 4): 649 - 680.

Crush, J. and Frayne, B. 2011. Urban food insecurity and the new international food security agenda. *Development Southern Africa*, 23 (4): 527 - 544.

Cullather, N. 2010. The hungry world: America's Cold War battles against poverty in Asia. Cambridge, USA, Harvard University Press.

Daly, H. E. 1993. The perils of free trade. *Scientific American*, 269 (5): 50 - 57.

De Schutter, O. 2008. *Building resilience: a human rights framework for world food and nutrition security*. Report of the Special Rapporteur on the Right to Food, Olivier De Schutter, to the UN General Assembly (A/HRC/9/23) . Available at http: //www2. ohchr. org/english/bodies/hrcouncil/docs/10session/a. hrC. 10. 5. pdf, accessed June 2, 2015.

De Schutter, O. 2009. *International trade in agriculture and the Right to Food*. Dialogue on Globalization Occasional Paper No. 46. Geneva, Switzerland, Friedrich – Ebert – Stiftung.

De Schutter, O, and Cordes, K. , eds. 2011. *Accounting for Hunger: The Right to Food in the era of globalisation*. Oxford, UK, Hart Publishing.

Deininger, K. & Byerlee, D. , with Lindsay, J. , Norton, J. , Selod, H. & Stickler, M. 2010. *Rising global interest in farmland: can it yield sustainable and equitable benefits?* Washington, DC, The World Bank. Available at http: //siteresources. worldbank. org/ DEC/Resources/Rising – Global – Interest – in – Farmland. pdf, accessed March 25, 2015.

Desmarais, A. 2007. *La Vía Campesina: globalization and the power of peasants*. Halifax, USA, Fernwood Publishing.

Devereux, S. , Eide, W. B. , Hoddinott, J. , Lustig, N. & Subbarao, K. 2012. *Social protection for food security*. A Report by the High Level Panel of Experts on Food Security and Nutrition of the Committee on World Food Security. Available at http: // www. fao. org/fileadmin/user _ upload/hlpe/hlpe _ documents/HLPE _ Reports/HLPE – Report – 4 – Social _ protection _ for _ food _ security – June _ 2012. pdf, accessed March 25, 2015.

Diaz – Bonilla, E. 2014. *On food security stocks, peace clauses, and permanent solutions after Bali*. International Food Policy Research Institute (IFPRI) Discussion Paper 01388. Available at http: //www. ifpri. org/sites/default/files/publications/ifpridp01388. pdf, accessed March 25, 2015.

ETC Group. 2008. *Who Owns Nature? Corporate power and the final frontier in the commodification of life*. Communiqué Issue No. 100. Available at http: //www. etcgroup. org/sites/www. etcgroup. org/files/publication/707/01/etc _ won _ report _ final _ color. pdf, accessed July 8, 2015.

ETC Group. 2009. *Who will feed us? Questions for the food and climate crises*. Communiqué Issue No. 102. Available at http: //www. etcgroup. org/sites/www. etcgroup. org/files/ETC _ Who _ Will _ Feed _ Us. pdf, accessed March 25, 2015.

Fader, M. , Dieter G. , Krause, M. , Lucht, W. & Cramer, W. 2013. Spatial decoupling of agricultural production and consumption: quantifying dependences of countries on food imports due to domestic land and water constraints. *Environmental Research Letters*, 8 (1): 1880—1885.

Fairbairn, M. 2010. Framing resistance: international food regimes and the roots of food sovereignty. In Wittman, A. , Desmarais, A. & Wiebe, N. , eds. *Food Sovereignty: reconnecting food, nature & community*, pp. 15 – 32. Halifax, USA, Fernwood Publishing.

Fairbairn, M. 2014. "Like gold with yield": evolving intersections between farmland and finance. *Journal of Peasant Studies*, 41 (5): 777 – 795.

Fairtrade Foundation. 2013. *Powering up smallholder farmers to make food fair: a five point agenda*. Available at http：//www. fairtrade. net/fileadmin/user _ upload/content/ 2009/news/2013 - 05 - Fairtrade _ Smallholder _ Report _ FairtradeInternational. pdf, accessed March 25, 2015.

FAO. 2001. *The State of Food Insecurity in the World* 2001. Rome. Available at http：// www. fao. org/docrep/003/y1500e/y1500e00. htm, accessed March 25, 2015.

FAO. 2003. *Trade reforms and food security: conceptualizing the linkages*. Rome. Available at ftp：//ftp. fao. org/docrep/fao/005/y4671e/y4671e00. pdf, accessed March 25, 2015.

FAO. 2004. Voluntary Guidelines to support the progressive realization of the Right to Adequate Food in the Context of National Food Security. Rome. Available at http：// www. fao. org/3/a - y7937e. pdf, accessed April 16, 2015.

FAO. 2006. *Food security*. Policy Brief Issue 2, June 2006. Available at http：//www. fao. org/forestry/13128 - 0e6f36f27e0091055bec28ebe830f46b3. pdf, accessed March 25, 2015.

FAO. 2007. *The Roles of agriculture in development: policy implications and guidance*. Rome. Available at http：//www. fao. org/docrep/010/a1067e/a1067e00. htm, accessed July 7, 2015.

FAO. 2013. *Basic Texts*, Vols. Ⅰ and Ⅱ. Available at http：//www. fao. org/docrep/ meeting/022/k8024e. pdf, accessed April 16, 2015.

FAO. 2014. *The State of Food and Agriculture* 2014. *Innovation in family farming*. Available at http：//www. fao. org/3/a - i4040e. pdf, accessed March 25, 2015.

FAO, IFAD and WFP. 2015. *The State of Food Security in the World* 2015. *Meeting the* 2015 *international hunger targets: taking stock of uneven progress*. Rome, FAO. Available at http：//www. fao. org/3/a - i4646e/index. html, accessed June 2, 2015.

Finnemore, M. & Sikkink, K. 1998. International norm dynamics and political change. *International Organization*, 52 (4): 887 - 917.

Fletcher, I. 2010. Dubious assumptions of the theory of comparative advantage. *Real World Economics Review*, 54: 94 - 105.

Foley, J. A. , Ramankutty, N. , Brauman, K. A. , Cassidy, E. S. Gerber, J. S. Johnston, M. , Mueller, N. D. et al. 2011. Solutions for a cultivated planet. *Nature*, 478 (7369): 337 - 342.

Forum for Food Sovereignty. 2007. *Declaration of Nyéléni*. Available at http：//nyeleni. org/IMG/pdf/DeclNyeleni - en. pdf, accessed April 27, 2015.

Friedmann, H. 1982. The political economy of food: the rise and fall of the postwar international food order. *American Journal of Sociology*, 88 (Suppl.): 248 - 286.

Friedmann, H. & McMichael, P. 1989. Agriculture and the state system: the rise and decline of national agricultures, 1870 to the present. *Sociologia Ruralis*, 29 (2): 93 - 117.

Friel, S. , Hattersley, L. & Townsend, R. 2015. Trade policy and public health. *Annual Review of Public Health*, 36: 325 - 344.

Fuchs, D. , Kalfagianni, A. &. Arentsen, M. 2009. Retail power, private standards, and sustainability in the global food system. *In* Clapp, J. &. Fuchs, D. , eds. *Corporate power in global agrifood governance*, pp. 29 - 59. Cambridge, USA, MIT Press.

Fuchs, N. &. Hoffmann, U. 2013. Ensuring food security and environmental resilience—the need for supportive agricultural trade rules. *UNCTAD Trade and Environment Review*, 266 - 275. Geneva, Switzerland, UNCTAD.

Fulponi, L. 2007. The globalization of private standards and the agri-food system. *In* Swinnen, J. F. M. *Global supply chains, standards and the poor: how the globalization of food systems and standards affects rural development and poverty*, pp. 5 - 18. Cambridge, USA, CABI Publishing.

Garnett, T. 2013. Food sustainability: problems, perspectives and solutions. *The Proceedings of the Nutrition Society*, 72 (1): 29 - 39.

Garnett, T. , Appleby, M. C. , Balmford, A. , Bateman, I. J. , Benton, T. G. , Bloomer, P. , Burlingame, B. et al. 2013. Sustainable intensification in agriculture: premises and policies. *Science*, 341 (6141): 33 - 34.

Ghosh, J. 2010. The unnatural coupling: food and global finance. *Journal of Agrarian Change*, 10 (1): 72 - 86.

Godfray, H. C. J. 2015. The debate over sustainable intensification. *Food Security*, 7 (2): 199 - 208.

Godfray, H. C. J. , Beddington J. R. , Crute, I. R. , Haddad, L. , Lawrence, D. , Muir, J. F. , Pretty, J. , Robinson, S. , Thomas, S. M. &. Toulmin, C. 2010. Food security: the challenge of feeding 9 billion people. *Science*, 327 (5967): 812 - 818.

Gómez, M. I. , Barrett, C. B. , Raney, T. , Pinstrup-Andersen, P. , Meerman, J. , Croppenstedt, A. , Carisma, B. &. Thompson, B. 2013. Post-Green Revolution food systems and the triple burden of malnutrition. *Food Policy*, 42 (10): 129 - 138.

Gonzalez, C. G. 2011. An environmental justice critique of comparative advantage: indigenous peoples, trade policy, and the Mexican neoliberal economic reforms. *University of Pennsylvania Journal of International Law*, 32 (2): 723 - 803.

Hawkes, C. , Friel, S. , Lobstein, T. &. Lang, T. 2012. Linking agricultural policies with obesity and noncommunicable diseases: a new perspective for a globalising world. *Food Policy*, 37 (3): 343 - 353.

Headey, D. 2011. Rethinking the global food crisis: the role of trade shocks. *Food Policy*, 36 (2): 136 - 146.

Headey, D. and Fan, F. 2008. Anatomy of a crisis: the causes and consequences of surging food prices. *Agricultural Economics*, 39 (S1): 375 - 391.

Hertel, T. W. , Ramankutty, N. &. Baldos, U. C. 2014. Global market integration increases likelihood that a future African Green Revolution could increase crop land use and CO_2

emissions. *Proceedings of the National Academy of Sciences*, 111 (38): 13799 - 13804.

Hirschman, A. O. 1991. *The rhetoric of reaction: perversity, futility, jeopardy.* Cambridge, USA, Harvard University Press.

Holt - Giménez, E. &. Altieri, M. A. 2013. Agroecology, food sovereignty, and the New Green Revolution. *Agroecology and Sustainable Food Systems*, 37 (1): 90 - 102.

IAASTD. 2009. Agriculture at a crossroads: international assessment of Agricultural Knowledge, Science and Technology for Development (IAASTD) Global Report. Washington, DC, Island Press. Available at http: //www. unep. org/dewa/agassessment/reports/ IAASTD/EN/Agriculture% 20at% 20a% 20Crossroads _ Global% 20Report% 20% 28English%29. pdf, accessed March 25, 2015.

IISD. 2003. *Non - trade concerns in the agricultural negotiations of the World Trade Organization.* International Institute for Sustainable Development (IISD) Trade and Development Brief. No. 1. Winnipeg, USA, IISD. Available at http: //www. iisd. org/pdf/2003/ investment _ sdc _ may _ 2003 _ 1. pdf, accessed March 25, 2015.

Iles, A. &. Montenegro de Wit, M. 2015. Sovereignty at What Scale? An inquiry into multiple dimensions of food sovereignty. *Globalizations*, 12 (4): 481 - 497.

Irwin, D. A. 1989. Political economy and Peel's repeal of the Corn Laws. *Economics &. Politics*, 1 (1): 41 - 59.

Isakson, S. R. 2009. *No Hay Ganancia En La Milpa*: the agrarian question, food sovereignty, and the on - farm conservation of agrobiodiversity in the Guatemalan Highlands. *Journal of Peasant Studies*, 36 (4): 725 - 759.

Isakson, S. R. 2014. Food and finance: the financial transformation of agro - food supply chains. *Journal of Peasant Studies*, 41 (5): 749 - 775.

Jarosz, L. 2011. Defining world hunger: scale and neoliberal ideology in international food security policy discourse. *Food, Culture and Society: An International Journal of Multidisciplinary Research*, 14 (1): 117 - 139.

Josling, T. Anderson, K. , Schmitz, A. &. Tangermann, T. 2010. Understanding international trade in agricultural products: one hundred years of contributions by agricultural economists. *American Journal of Agricultural Economics*, 92 (2): 424 - 446.

Khor, M. 2010. *Analysis of the Doha Negotiations and the functioning of the WTO.* Geneva, Switzerland, The South Centre. Available at http: //www. southcentre. int/wp - content/uploads/2013/05/RP30 _ Analysis - of - the - DOHA - negotiations - and - WTO _ EN. pdf, accessed July 7, 2015.

Kindleberger, C. 1975. The rise of free trade in Western Europe, 1820—1875. *Journal of Economic History*, 35 (1): 20 - 55.

Kirsten, J. &. Kurt S. 2002. Linking agribusiness and small - scale farmers in developing countries: is there a new role for contract farming? *Development Southern Africa*, 19 (4):

503 – 529.

Koohafkan, P. , Altieri, M. A. & Holt Gimenez, E. 2012. Green agriculture: foundations for biodiverse, resilient and productive agricultural systems. *International Journal of Agricultural Sustainability*, 10 (1): 61 – 75.

Lamy, P. 2011. Trade is vital for food security, Lamy tells agricultural economists. Speech to XIIIth Congress of the European Association of Agricultural Economists, August 30. Zurich. Available at https: //www. wto. org/english/news _ e/sppl _ e/sppl203 _ e. htm, accessed March 25, 2015.

Lamy, P. 2012. Pascal Lamy speaks on the challenge of feeding 9 billion people. Speech at The Economist Conference "Feeding the World", February 8. Geneva. Available at http: //www. wto. org/english/news _ e/sppl _ e/sppl216 _ e. htm, accessed March 25, 2015.

Lamy, P. 2013. *The Geneva Consensus: making trade work for us all*. Cambridge, UK, Cambridge University Press.

Lee, R. P. 2013. The politics of international agri – food policy: discourses of trade – oriented food security and food sovereignty. *Environmental Politics*, 22 (2): 216 – 234.

Li Murray, T. 2009. Exit from agriculture: a step forward or a step backward for the rural poor? *Journal of Peasant Studies*, 36 (3): 629 – 636.

Li Murray, T. 2015. Can there be food sovereignty here? *Journal of Peasant Studies*, 42 (1): 205 – 211.

Loos, J. , Abson, D. J. , Chappell, M. J. , Hanspach, J. , Mikulcak, F. , Tichit, M. & Fischer, J. 2014. Putting meaning back into "sustainable intensification". *Frontiers in Ecology and the Environment*, 12 (6): 356 – 361.

MacDonald, G. K. , Brauman, K. A. , Sun, S. , Carlson, K. M. , Cassidy, E. S. , Gerber, J. S. & West, P. C. 2015. Rethinking agricultural trade relationships in an era of globalization. *BioScience*, 65 (3): 275 – 389.

Maertens, M. , Minten, B. & Swinnen, J. 2012. Modern food supply chains and development: evidence from horticulture export sectors in sub – Saharan Africa. *Development Policy Review*, 30 (4): 473 – 497.

Marsden, T. 2013. Sustainable place – making for sustainability science: the contested case of agri – food and urban – rural relations. *Sustainability Science*, 8 (2): 213 – 226.

Martinez – Alier, J. 2011. The EROI of agriculture and its use by the Via Campesina. *Journal of Peasant Studies*, 38 (1): 145 – 160.

Masakure, O. & Henson, S. 2005. Why do small – scale producers choose to produce under contract? Lessons from nontraditional vegetable exports from Zimbabwe. *World Development*, 33 (10): 1721 – 1733.

Maxwell, S. 1996. Food security: a post – modern perspective. *Food Policy*, 21 (2): 155 – 170.

McCalla, A. F. 1969. Protectionism in international agricultural trade, 1850—1968. *Agricultural History*, 43 (3): 329 - 344.

McCalla, A. F. 1993. Agricultural trade liberalization: the ever - elusive grail. *American Journal of Agricultural Economics*, 75 (5): 1102 - 1112.

McDonald, B. 2010. *Food Security*. Cambridge, UK, Polity Press.

McMichael, P. 2013. Value - chain agriculture and debt relations: contradictory outcomes. *Third World Quarterly*, 34 (4): 671 - 690.

McMichael, P. 2015. A comment on Henry Bernstein's way with peasants, and food sovereignty. *The Journal of Peasant Studies*, 42 (1): 193 - 204.

McMichael, P. & Schneider, M. 2011. Food security politics and the Millennium Development Goals. *Third World Quarterly*, 32 (1): 119 - 139.

Monteiro, C. A. , Moubarac, J. C. , Cannon, G. , Ng, S. W. & Popkin, B. 2013. Ultra - processed products are becoming dominant in the global food system: ultra - processed products: global dominance. *Obesity Reviews*, 14 (11): 21 - 28.

Moon, W. 2010. Multifunctional agriculture, protectionism, and prospect of trade liberalization. *Journal of Rural Development*, 33 (2): 29 - 61.

Moon, W. 2011. Is agriculture compatible with free trade? *Ecological Economics*, 71 (11): 13 - 24.

Morrison, J. & Sarris, A. 2007. Determining the appropriate level of import protection consistent with agriculture led development in the advancement of poverty reduction and improved food security. *In* Morrison, J. & Sarris, A. , eds. *WTO Rules for Agriculture compatible with development*, pp. 13 - 57. Rome, FAO.

Morrissey, O. 2007. What types of WTO - compatible trade policies are appropriate for different stages of development? *In* Morrison, J. & Sarris, A. , eds. *WTO Rules for Agriculture compatible with development*, pp. 59 - 78. Rome, FAO.

Murphy, S. 2006. *Concentrated market power and agricultural trade*. Ecofair Trade Dialogue Discussion Paper No 1. Available at http: //www. iatp. org/files/451 _ 2 _ 89014. pdf, accessed March 25, 2015.

Murphy, S. 2008. Globalization and corporate concentration in the food and agriculture sector. *Development*, 51 (4): 527 - 533.

Murphy, S. 2012. *Changing perspectives: small - scale farmers, markets and globalization*. IIED/HIVOS Working Paper. Available at http: //www. ictsd. org/downloads/ 2012/08/changing - perspectives - small - scale - farmers - markets - and - globalisation - murphy - iied. pdf, accessed April 15, 2015.

Murphy, S. , Lilliston, B. & Lake, M. B. 2005. *WTO Agreement on Agriculture: a decade of dumping*. Institute for Agriculture and Trade Policy (IATP) Publication No. 1. Minneapolis, USA, IATP. Available at http: //www. un - ngls. org/orf/cso/cso7/library. pdf, accessed March 25，2015.

Murphy，S. ，Burch，D. &. Clapp，J. 2012. *Cereal Secrets：the world's largest grain traders and global agriculture.* Oxfam Research Reports. Oxford，UK，Oxfam Great Britain.

Nadal，A. &. Wise，T. A. 2004. *The environmental costs of agricultural trade liberalization：Mexico-U. S. maize trade under NAFTA.* Working Group on Development and Environment in the Americas Discussion Paper Number 4. Available at http：// ase. tufts. edu/gdae/Pubs/rp/DP04NadalWiseJuly04. pdf，accessed March 25，2015.

Nepstad，D. C. ，Stickler，C. M. &. Almeida，O. T. 2006. Globalization of the Amazon soy and beef industries：opportunities for conservation. *Conservation Biology*，20（6）：1595－1603.

OECD. 2013. The role of food and agricultural trade in ensuring domestic food availability. *In* OECD. *Global food security：challenges for the food and agricultural system.* Paris. Available at http：//dx. doi. org/10. 1787/9789264195363－en，accessed June 2，2015.

O'Rourke，K. &. Williamson，J. 1999. *Globalization and history：the evolution of the nineteenth century.* Cambridge，USA，MIT Press.

Open Working Group of the General Assembly on Sustainable Development Goals. 2014. *Open Working Group Proposal for Sustainable Development Goals.* Available at https：// sustainabledevelopment. un. org/content/documents/1579SDGs％20Proposal. pdf，accessed March 25，2015.

Patel，R. 2009. What does food sovereignty look like? *Journal of Peasant Studies*，36（3）：663－706.

Porter，J. R. ，Xie，L. ，Challinor，A. J. ，Cochrane，K. ，Howden，S. M. ，Iqbal，M. M. ，Lobell，D. B. &. Travasso，M. I. 2014. Food Security and Food Production Systems. *In* C. B Field，V. R. Barros，D. J. Dokken，K. J. Mach，M. D. Mastrandrea et al. ，eds. *Climate change 2014：impacts，adaptation，and vulnerability. Part A：Global and sectoral aspects. Working Group* Ⅱ *Contribution to the Fifth Assessment Report of the Intergovernmental Panel on Climate Change.* pp. 485－534. New York，USA，Cambridge University Press.

Potter，C. &. Tilzey，M. 2007. Agricultural multifunctionality，environmental sustainability and the WTO：resistance or accommodation to the Neoliberal project for agriculture? *Geoforum*，38（6）：1290－1303.

Prasch，R. 1996. Reassessing the theory of comparative advantage. *Review of Political Economy*，8（1）：37－56.

Pretty，J. ，Brett，C. ，Gee，D. ，Hine，R. ，Mason，C. ，Morison，J. ，Rayment，M. ，Van Der Bijl，G. &. Dobbs，T. 2001. Policy challenges and priorities for internalizing the externalities of modern agriculture. *Journal of Environmental Planning and Management*，44（2）：263－283.

Pretty, J. N. , Noble, A. D. , Bossio, D. , Dixon, J. , Hine, R. E. , Penning de Vries, F. W. T. &. Morison, J. I. L. 2006. Resource – conserving agriculture increases yields in developing countries. *Environmental Science &. Technology*, 40 (4): 1114 – 1119.

Pritchard, B. 2009. The Long Hangover from the Second Food Regime: A world – historical interpretation of the collapse of the WTO Doha Round. *Agriculture and Human Values*, 26 (4): 297 – 307.

Rakotoarisoa, M. A. , Iafrate, M. , Paschali, M. 2011. *Why has Africa become a net food importer? Explaining Africa agricultural and food trade deficits*. Rome: FAO. Available at http: //www. fao. org/docrep/015/i2497e/i2497e00. pdf, accessed April 10, 2015.

Rayner, G. , Hawkes, C. , Lang, T. &. Bello, W. 2006. Trade Liberalization and the diet transition: a public health response. *Health Promotion International*, 21 (Suppl. 1): 67 – 74.

Rosset, P. M. 2006. *Food is different: why we must get the WTO out of agriculture*. Halifax, USA, Fernwood Publishing.

Sachs, W. &. Santarius, T. 2007. *Slow trade – sound farming: a multilateral framework for sustainable markets in agriculture*. Ecofair Trade Dialogue. Available at http: //www. misereor. org/fileadmin/redaktion/slow _ trade _ sound _ farming. pdf, accessed March 25, 2015.

Sakuyama, T. 2005. A decade of debate over non – trade concerns and agricultural trade liberalisation: convergences, remaining conflicts and a way forward. *International Journal of Agricultural Resources, Governance and Ecology*, 4 (3): 203 – 215.

Schmitz, C. , Biewald, A. , Lotze – Campen, H. , Popp, A. , Dietrich, J. P. , Bodirsky, B. , Krause, M. &. Weindl, I. 2012. Trading more food: implications for land use, greenhouse gas emissions, and the food system. *Global Environmental Change*, 22 (1): 189 – 209.

Schonhardt – Bailey, C. 2006. *From the Corn Laws to free trade: interests, ideas and institutions in historical perspective*. Cambridge, USA, MIT Press.

Schumacher, R. 2013. Deconstructing the theory of comparative advantage. *World Economic Review*, 2: 83 – 105.

Sen, A. 1981. *Poverty and famines: an essay on entitlement and deprivation*. Oxford, UK, Oxford University Press.

Sharma, R. 2011. *Food export restrictions: review of the 2007—2010 experience and considerations for disciplining restrictive measures*. FAO Commodity and Trade Policy Research Working Paper No. 32. Rome, FAO. Available at ictsd. org/downloads/2011/05/sharma – export – restrictions. pdf, accessed March 25, 2015.

Shaw, D. J. 2007. *World food security: a history since* 1945. New York, USA, Palgrave Macmillan.

Simon, G. A. 2012. *Food security: definition, four dimensions, history*. Available at http: //

www. fao. org/fileadmin/templates/ERP/uni/F4D. pdf , accessed March 25, 2015.

Singh, S. 2002. Contracting out solutions: political economy of contract farming in the Indian Punjab. *World Development*, 30 (9): 1621 – 1638.

Skogstad, G. D. 1998. Ideas, paradigms and institutions: agricultural exceptionalism in the European Union and the United States. *Governance*, 11 (4): 463 – 490.

Smith, P. 2013. Delivering food security without increasing pressure on land. *Global Food Security*, 2 (1): 18 – 23.

Swinnen, J. , and Vandeplas, A. 2012. Rich consumers and poor producers: quality and rent distribution in global value chains. *Journal of Globalization and Development*, 2 (2): 1 – 28.

United Nations Conference on Trade and Development. 2009. *World Investment Report 2009. Transnational corporations, agricultural production and development*. New York, USA, United Nations. Available at http: //unctad. org/en/docs/wir2009 _ en. pdf, accessed February 25, 2015.

Via Campesina. 2003. *Peoples' food sovereignty – WTO Out of Agriculture*. September 2. Available at http: //viacampesina. org/en/index. php/main – issues – mainmenu – 27/food – sovereignty – and – trade – mainmenu – 38/396 – peoples – food – sovereignty – wto – out – of – agriculture, accessed March 25, 2015.

Via Campesina. 2010. *Peasant and family farm –based sustainable agriculture can feed the world*. Via Campesina Views. Available at http: //viacampesina. org/downloads/pdf/en/paper6 – EN. pdf, accessed March 25, 2015.

Webb, P. , Coates, J. , Frongillo, E. A. , Lorge Rogers, B. , Swindale, A. , and Bilinsky, P. 2006. Measuring household food insecurity: why it's so important and yet so difficult to do. *The Journal of Nutrition*, 136 (5): 1404 – 1408.

White, B. , Borras Jr. , S. M. , Hall, R. , Scoones, I. , and Wolford, W. 2012. The new enclosures: critical perspectives on corporate land deals. *Journal of Peasant Studies*, 39 (3 – 4): 619 – 647.

Wittman, H. , Desmaris, A. A. , and Wiebe, N. eds. 2010. *Food Sovereignty: Reconnecting Food, Nature and Community*. Halifax, NS: Fernwood Publishing.

World Bank. 1986. Poverty and hunger: issues and options for food security in developing countries. A World Bank Policy Study. Washington, DC, World Bank.

World Bank. 2007. *World Development Report 2008. Agriculture for development*. Washington, DC. Available at http: //siteresources. worldbank. org/INTWDR2008/Resources/WDR _ 00 _ book. pdf, accessed March 25, 2015.

World Bank. 2012. *Global Monitoring Report 2012. Food prices, nutrition, and the Millennium Development Goals*. Washington, DC.

World Bank. 2014a. *World Development Indicators*. Available at http: //

data. worldbank. org/data - catalog/world - development - indicators，accessed March 25，2015.

World Bank. 2014b. *The State of Social Safety Nets* 2014. Washington，DC，World Bank. Available at http：//www. worldbank. org/en/topic/safetynets/publication/the - state -of - social - safety - nets - 2014，accessed March 25，2015.

World Trade Organization. 2001. Doha Declaration. Available at http：//www. wto. org/ english/thewto _ e/minist _ e/min01 _ e/mindecl _ e. htm，accessed July 6，2015.

Zorya，S.，von Cramon - Taubadel，S.，Greb，F.，Jamora，N.，Mengel，C.，and Würriehausen，N. 2015. Price transmission from world to local grain markets in developing countries. Why it matters，how it works and how it should be enhanced. In I. Gillson &. A. Faud，eds. *Trade policy and food security：improving access to food in developing countries in the wake of high world prices*，pp. 65 - 85. Washington，DC.

图书在版编目（CIP）数据

粮食安全与国际贸易：争议观点解析 / 联合国粮食
及农业组织编著；梁晶晶，余扬，安全译 . —北京：
中国农业出版社，2018.4
ISBN 978-7-109-23676-9

Ⅰ.①粮⋯　Ⅱ.①联⋯ ②梁⋯ ③余⋯ ④安⋯　Ⅲ.
①粮食安全－关系－国际贸易　Ⅳ.①F307.11

中国版本图书馆 CIP 数据核字（2017）第 306872 号

著作权合同登记号：图字 01 - 2018 - 0304 号

中国农业出版社出版
（北京市朝阳区麦子店街 18 号楼）
（邮政编码 100125）
责任编辑　郑　君
文字编辑　徐志平

中国农业出版社印刷厂印刷　　新华书店北京发行所发行
2018 年 4 月第 1 版　　2018 年 4 月北京第 1 次印刷

开本：700mm×1000mm 1/16　　印张：3.75
字数：60 千字
定价：30.00 元
（凡本版图书出现印刷、装订错误，请向出版社发行部调换）